新形势下促进首都农业科技
在受援地区辐射带动作用的研究

◎ 陈玛琳　陈俊红　秦向阳 ／ 等著

中国农业科学技术出版社

图书在版编目（CIP）数据

新形势下促进首都农业科技在受援地区辐射带动作用的研究／陈玛琳，陈俊红，秦向阳等著．—北京：中国农业科学技术出版社，2019.4
ISBN 978-7-5116-4080-2

Ⅰ.①新… Ⅱ.①陈…②陈…③秦… Ⅲ.①农业技术–扶贫–研究
Ⅳ.①F324.3②F323.8

中国版本图书馆 CIP 数据核字（2019）第 051358 号

责任编辑	闫庆健　王思文　马维玲
文字加工	杨从科
责任校对	李向荣

出 版 者	中国农业科学技术出版社
	北京市中关村南大街 12 号　邮编：100081
电　　话	(010)82106632(编辑室)　　(010)82109702(发行部)
	(010)82109709(读者服务部)
传　　真	(010)82106650
网　　址	http://www.castp.cn
经 销 者	各地新华书店
印 刷 者	北京建宏印刷有限公司
开　　本	710mm×1 000mm　1/16
印　　张	10.25
字　　数	168 千字
版　　次	2019 年 4 月第 1 版　2019 年 4 月第 1 次印刷
定　　价	50.00 元

《新形势下促进首都农业科技在受援地区辐射带动作用的研究》

著作组成员

顾问：程贤禄　王金洛　孙宝启

组长：秦向阳　孙素芬

成员：陈玛琳　陈俊红　龚晶　陈香玉
　　　赵姜　陈慈　周中仁　张慧智
　　　杜洪燕　李滢　时朝　黄杰
　　　梁国栋

前　言

　　"十三五"是全面建设小康社会的最后一个五年，也是我国扶贫开发的关键时期，中央"精准扶贫"战略的提出为做好新时期的扶贫开发工作指明了方向。《中共中央国务院关于打赢脱贫攻坚战的决定》指出资金和项目要进一步向贫困地区倾斜，要提高扶贫方式实效性，由偏重"输血"向注重"造血"转变。中央扶贫开发工作会、东西部扶贫协作座谈会也强调要进一步做好东西部扶贫协作和对口支援工作，实现互利双赢、共同发展。

　　北京市自1994年对口援助拉萨以来，开展了援藏、援青、援巴、京蒙对口帮扶、南水北调对口协作等一系列对口援助工作，助力受援地区扶贫脱贫，然而受援地区大多地理位置偏远，虽具有资源禀赋的优势，但由于技术、人才、观念等的制约，农牧业生产水平仍较低，亟待通过科技支撑、依托当地资源优势促进现代农牧业的发展。在此背景下，本书着眼于北京疏解非首都核心功能及精准扶贫的新形势，结合受援地区农牧业发展实际需求，探索研究如何充分利用首都的科技资源优势，将首都农业科技成果与受援地区需求结合，为受援地区现代农牧业发展提供强有力的支撑，助力受援地区精准扶贫工作。

　　本书得到了北京市对口支援和经济合作工作领导小组办公室（以下简称"市支援合作办"）的经费支持以及北京市农林科学院领导的高度重视，成立了由院领导带队、骨干专家参加的专门调研小组，于2016年7—9月分别前往北京对口支援的青海玉树、西藏自治区的拉萨、内蒙古自治区的乌兰察布、赤峰、湖北巴东、十堰以及河南南阳五省（自治区）七个地区，采取机构访谈、实地考察两种形式对当地农业发展现状、对口支援现状展开调研。在受援地区精心组织和安排下，调研组顺利完成调研任务，以此实现"调研情况、发现需求、深化对接"，找出北京在援藏、援青、援巴、京蒙对口帮扶、南水北调对口协作工作中的成效、问题及科技需求，探索"十三五"对口支援工作新机制。

调研期间，各受援地区领导及援助干部在数据搜集及调研的组织安排方面，给予很多的支持和帮助，他们是：玉树州农牧局副局长昂文旦巴，挂职干部杨义鹏；乌兰察布农业局副局长赵美丽，科教科张科长；赤峰农科院副院长刘汉宇，办公室副主任曹磊；十堰市发改委对口协作办副主任万敏、市农科院院长周华平；拉萨市农牧局副局长、援助干部左春伟，援助干部邢斌；南阳市发改委副主任马林，办公室科员王云飞；巴东县副县长肖金科，县委办副主任黄家宝，县农业局副局长王宜。在此一并向上述单位和个人表示衷心的感谢！

　　尽管课题组成员做了很大努力，因时间和水平限制，书中仍有许多不完善之处，一些内容还需要今后进一步深入研究探讨，恳请读者提出宝贵意见。课题组也将继续努力，为更好地发挥科技在受援地区的辐射带动作用贡献微薄之力！

著　者

2018 年 12 月

目　　录

第一章　导　论

一、研究背景

（一）"十三五"是扶贫攻坚的关键时期

2020 年是全面建成小康社会的最后时间，是中国共产党建党 100 周年的预订目标，"十三五"是全面建设小康社会的最后一个五年，将使中国现有标准下 7 000 多万贫困人口全部脱贫，扶贫任务依然艰巨。然而目前经济社会的总体水平还不高，制约贫困地区发展的深层次问题还没有解决。扶贫开发工作长期存在低质低效、造血功能弱、针对性差等问题，"大水漫灌"的粗放式扶贫使真正的扶贫需求得不到满足。

（二）对口援助是落实精准扶贫战略的重要措施

2013 年 11 月，习近平总书记到湖南湘西考察时做出了"实事求是、因地制宜、分类指导、精准扶贫"的重要指示，并首次提出了"精准扶贫"的重要思想。李克强总理在 2015 年政府工作报告中强调"地方要优化整合扶贫资源，实行精准扶贫，引导社会力量参与扶贫事业"。新常态下，如何创新扶贫工作，精准扶贫，打好扶贫攻坚战，已上升为新一轮国家战略部署。2015 年 6 月，习近平在贵州召开部分省区市党委主要负责同志座谈会，就加大力度推进扶贫开发工作提出了具体要求。将精准扶贫思想进一步阐述为："扶贫对象精准、项目安排精准、资金使用精准、措施到户精准、因村派人精准、脱贫成效精准"。精准扶贫的根本特点是"贵在精准、重在精准，成败之举在于精准"。中央"精准扶贫"战略的提出为做好新时期的扶贫开发工作指明了方向。而对口援助正是落实"精准扶贫"战略，实现全面建设小康社会的一项重要措施。

（三）科技援助是发展精准扶贫的助推器

精准扶贫的根本是激活贫困地区的自我发展潜力，增强安全生产能力，提高农牧业生产效率，需要依靠科技进步，大力发展特色种养殖技术、病虫害防治技术、农业智能装备技术等。精准扶贫的核心是精准识别、精准管理和精准帮扶。大数据、信息分析、智能决策等农业信息技术的快速发展，为精准扶贫提供了新思路、新手段，有效提升了精准扶贫的针对性、及时性和前瞻性。科技援助作为对口援助的重要手段，有助于帮助受援地区解决产业发展的关键技术问题，增强社会经济发展的内生动力，进而推动扶贫工作由偏重"输血"向注重"造血"转变。

（四）增强科技辐射功能是首都的新职责

"十三五"时期，是提升首都影响力的关键时期，北京市必须在推动科学发展、加快转变发展方式中争当火炬手和标杆，走在全国最前列，率先形成创新驱动的发展格局。同时作为区域的重要核心城市，需发挥首都生产性服务业发达、自主创新强劲、总部经济集聚和市场广阔等优势，在现代服务、科技创新、总部经济和绿色环保等方面增强首都辐射和服务全国的能力，为全国加快经济发展方式转变、促进经济结构战略性调整、提升自主创新能力和带动周边地区发展做出应有的贡献。

（五）首都科技援助工作急需创新发展

自 1994 年开始，北京市陆续开展了援藏、援青、援疆、援巴、援十、京蒙对口帮扶、南水北调对口协作、京冀合作等一系列对外援助工作，在疏解首都非核心功能的同时，充分发挥首都农业科技的辐射带动作用，为受援地区农牧业发展提供了强有力的支撑。在首都农业科技帮扶下，近年来受援地区农牧业得到了长足发展。尽管如此，由于受援地区区位及自然条件限制，经济发展与生态保护矛盾突出，农牧业生产水平仍较低。在扶贫攻坚面临的新形势下，对口援助工作需要不断总结经验和创新工作方式，破解产业发展困境，提升首都科技服务的支撑和辐射带动能力。

因此，研究如何发挥北京市全国科技创新中心的作用，将对口援助由"输血"向"造血"转变，探索对北京对外援助中的科技精准帮扶的创新做法，开发和推广利于贫困人口的技术和制度环境，选择合适的科技援助路径和配套机制建设尤为重要。

二、研究内容

本书通过文献查询、专家咨询及与相关管理部门座谈，在摸清受援地区农牧业发展现状及面临的困境基础上，从首都对口援助工作机制、成效、取得的经验及存在的问题方面具体分析北京发挥科技优势开展对口援助的实践，通过SWOT分析法，具体分析首都农业科技对口援助工作面临的新形势及应对的发展战略，并结合受援地区的科技需求提出完善首都农业科技对口援助工作的对策建议，为对口援助及其他地区扶贫工作提供借鉴。

全书由总研究报告及七个受援地区的专题报告两大部分组成，其中，总报告共分七章。

第一章，导论。主要阐述研究的背景及意义，交代主要研究内容，从对口援助的概念、原则及特点三方面厘清对口援助的内涵。

第二章，对口援助理论及主要模式。阐述了对口援助的理论框架，包括比较优势理论、区域要素流动理论、区域经济合作理论，并研究了农业科技对口援助的四种主要模式，分析比较了各模式的实现路径及适用范围。

第三章，首都科技对口援助地区概况。从区位、经济发展及农牧业发展方面梳理了受援地区发展情况，并分析了受援地区面临的基础设施落后、产业链条短、产品竞争力不强、产销信息不畅等问题。

第四章，首都农业科技对口援助现状。结合规划制定、工作机制建设、项目支持等首都农业科技对口援助工作的开展情况，从扶持地方特色优势产业、促进产学研合作对接、搭建科技服务平台、实施智力援助工程及生态同步建设等方面分析了首都农业科技对口援助的工作成效，以及项目立项、基金设置、企业带动等方面的工作经验。同时指出在援助项目设置、项目资金管理及科技援助路径方面存在的问题。

第五章，首都农业科技对口援助的形势及战略分析。运用SWOT战略分析法，分析了首都农业科技对口援助的内部优势、劣势及面临的机遇及挑战，指出新时期农业科技对口援助应以造产业、造人才、造服务、造机制为着力点，走"政府主导、自上而下、多方参与充分发挥自身优势、合作共赢"的道路。创建"企业+农户+高校+政府"四位一体的对口援助模式。

第六章，受援地区农牧业发展的科技需求。从需求角度，根据受援地区调研结果，从地方特色产业提质增效、资源环境及生态保护、地方科技创新能力提升、新型经营主体能力提升、农业信息技术及咨询服务等方面归纳总结了现阶段受援地区农牧业发展的主要科技需求。

第七章，完善首都农业科技对口援助政策的建议。从加强顶层设计、推动产业合作、加强科技协同创新、推进人才交流、完善项目管理等方面提出相关对策建议，首都农业科技对口援助需要重点围绕"抓地方特色主导产业、抓地方科研院所、抓高端人才培训交流"三个方面，推动"对口支援"向"有效合作"转变，打造"以政府主导，企业为主体，社会组织共同参与"的对口援助工作新机制。

七个专题，分别针对玉树等7个调研地区的农牧业发展现状、"十三五"农牧业发展重点、首都对口援助成效及问题开展分析，并结合受援地区的农业科技需求，提出完善对口援助工作的对策建议。

三、研究方法

北京自1994年对口援助拉萨以来开展了一系列对外援助工作，为促进边疆、民族地区发展、灾后重建、重大工程项目建设、区域合作共赢等发挥了重要辐射带动作用。本书特从北京开展的援藏、援青、援巴、南水北调对口协作、京蒙对口帮扶等对外援助工作中，重点选取拉萨、玉树、巴东、南阳、十堰、乌兰察布和赤峰七个有代表性的受援地区为调研对象（图1-1），着眼于北京疏解非首都核心功能的新形势，深入了解近年来受援地区的农业产业发展现状，结合当地的实际需求，研究如何发挥好首都农业科技在受援地区的辐射带动作用，为推进首都农业科技在受援地区辐射带动作用的研究提供翔实的基础材料。

研究主要采取文献分析、机构访谈及实地考察方法，具体包括：

（1）文献分析法

本书所搜集的文献资料形式包括国内外的研究论文、研究报告、工作汇报、统计资料、政策文件、规划、实施方案、网站介绍、新闻报道等，不同的资料来源不同，且服务于不同的用途。

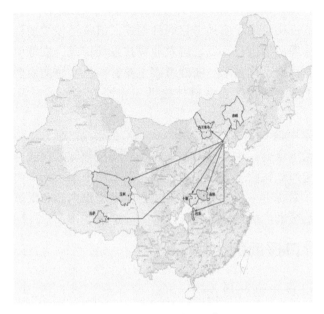

图 1-1 调研地区分布

表 1-1 文献资料来源及用途

资料形式	主要来源	用 途
研究论文	论著、期刊和文献数据库	用于分析影响首都农业科技在受援地区发挥辐射带动作用的制约因素和有利因素
研究报告、统计资料等	公开出版物、政府门户网站、统计数据库等	用于对西藏拉萨、青海玉树、湖北巴东和十堰、河南南阳以及内蒙古乌兰察布、赤峰的农业产业进行现状分析,了解其农业科技发展情况
工作总结、政策文件、建设规划、实施方案等	政府部门、政府部门官方网站	用于分析向外地推广首都农业科技面临的机遇和可能遇到的挑战,以及首都科技所具有的优势和劣势
新闻报道	报纸、电视台、网站	首都援助西藏拉萨、青海玉树、湖北巴东和十堰、河南南阳以及内蒙古乌兰察布、赤峰等地区的整体情况,特别是农业科技方面援助的情况

(2) 实地调研

组建研究专家组和调查小组,分别前往西藏自治区(全书简称西藏)拉萨、青海玉树、湖北巴东和十堰、河南南阳以及内蒙古自治区(全书简称内蒙古）乌兰察布、赤峰，开展实地调查，搜集第一手资料。实地调查主要包括机构访谈、实地考察两种形式。机构访谈主要针对各地区的科技和农业管理部门进行，以了解农业科技发展情况、农业科技方面援助的情况和农业科技合作需求；实地考察主要针对已实施的农业科技援助项目进行，以了解不同地区农业科技援助工作所取得的成绩及存在的主要问题。

（3）专家座谈

召开专家座谈会，主要邀请在京农业和科技领域的权威专家参加，以探讨北京市与西藏拉萨、青海玉树、湖北巴东和十堰、河南南阳以及内蒙古乌兰察布、赤峰进一步开展农业科技合作的工作内容和保障措施，研究在其他受援地区推广成熟做法的可行性。

四、对口援助的内涵

（一）对口援助的概念

目前，国内部分学者已从不同的出发点和研究的角度为对口援助作出了界定，结合已有的理论成果，本书认为：对口援助是指，根据我国东西部之间经济、社会、文化发展水平存在巨大差距，自然资源分布与经济社会发展不平衡的客观实际，为了更好地促进少数民族落后地区经济、社会及文化全方位的发展，同时也为更好地促进发达省（市）经济社会得到进一步的发展，政府在发达和落后地区的机构、行业或者部门之间建立一种比较稳定的支援关系，以干部支援为纽带，支援落后地区政治、经济、文化以及各项社会事业的发展，缩小地区间差距，实现区域协调发展、增进民族团结、达到共同富裕、共同繁荣的一种政策模式。

对口援助主要形式包括对口支援、对口帮扶、对口协作、区域合作等。其内涵主要包括四个方面：①对口援助是由中央政府发起的、国家相关部委、中央企业、经济相对发达或某一领域相对较发达的地区对经济欠发达或某一领域欠发达的区域实施的定向的、结对式的援助；②对口援助的双方是在某些方面有类似之处或具有大致相同的区域发展路径的区域；③对口援助的领域应是支援方地区发展较为先进的、同时恰好也是受援方发展相对滞后、或遭遇重创的相关联的领域；④对口援助的本质和发展方向是区域合作，是区域合作的一种特殊形式。

（二）对口援助的原则

（1）优势互补原则

——对口援助的前提，是指经济社会发展落后的受援地区与发达省（市）等支援方之间条件长短相济的关系，目的是希望双方都能发挥比较优势。

（2）互惠互利原则

——对口援助的核心，是指经济社会发展落后的受援地区与发达省（市）等支援方之间的利益关系，目的是希望双方能达到"双赢"的局面。

（3）长期合作原则

——对口援助持续性的标志，是指经济社会发展落后的受援地区与发达省（市）等支援方的关系在时限上的反映，目的是希望保持一种长效的可持续的合作关系。

（4）共同发展原则

——对口援助的主旨，是指经济社会发展落后的受援地区与发达省（市）等支援方之间的合作效果，目的是希望对口支援工作能形成良性循环，即合作双方在经济、社会、文化等诸多方面都获得良好的发展。

（三）对口援助的特点

（1）行政性与计划性

对口援助政策是在中央政府的组织、协调下实施的，是我国宏观调控的手段之一，并由各个地区之间政府加以引导，工作任务和援助对象都十分明确，极具计划和行政性。

（2）广泛性和固定性

我国对口援助工作涉及面广，从经济到科教文卫事业，从农牧业支持到工业和基础设施援助，同时还包括人力资源的援助。总之，涉及经济、社会的各个方面，形式不限。就固定性而言，援助单位和受援地区相对稳定，保持一种长期合作的关系。

（3）互利性和援助性

对口援助宗旨是实现合作双方共同富裕、共同发展，促进和谐社会的建立。发达省（市）接过国家给予的光荣使命，发扬奉献精神，对口援助少数民族落后地区，努力使国家战略部署付诸实施。通过对口援助工作，合作双方都很好的发挥比较优势，相互补充，互惠互利，达到"双赢"的局面，实现共同发展。

（4）动态性和实用性

对口援助的工作方向和重点不是一成不变的，它会随着援助双方实际状况的改变而改变，因时应势，从而实现最好的援助效果。

第二章 对口援助理论及主要模式

一、对口援助理论框架

（一）比较优势理论

1817 年大卫·李嘉图在著作《政治经济学及赋税原理》中以劳动价值论为基础，用两个国家、两种产品的模型，阐述"比较优势理论"。该理论认为一国即使在所有商品上都无绝对优势，仍然可以按照"两优取更优，两劣取次劣"的原则分工生产，只要具有比较优势，就可以通过生产和出口比较优势商品而获得利益。李嘉图比较成本学说是基于不同国家或地区生产不同产品存在着劳动生产率的差异或成本差异，因此各个国家或地区应分工生产自身劳动生产率较高或成本较低的产品。因为不具备绝对优势，则可能会产生这个国家或地区生产该产品的成本高于另一个国家或地区生产该产品的成本。但是，只要生产这个产品比生产其他产品的劳动生产率高或成本较低，就可以进行生产。

该理论核心思想是"比较优势原则"。这一命题对缺乏绝对优势的国家或地区来讲，具有重要意义，它阐明了落后国家或地区无论基础条件怎样，无论与先进国家或地区差距多么大，即使没有任何绝对优势，都仍然可以利用本国的相对优势，获得比较利益。

瑞典经济学家赫克歇尔（F. Heckscher）于 1919 年提出的要素禀赋论，后由其学生奥林（C. Ohlin）得到进一步深化，即称赫克歇尔—奥林模型（H—O 模型）。该模型认为，每个国家或地区具有不同的生产要素禀赋，这就使不同国家或地区具有不同的生产要素相对价格，也就是商品的相对成本不同，那么不同国家或地区生产的商品就具有不同的相对价格，贸易得以发生。在生产要素使用具有替代性的前提下，一国或地区密集使用相对低廉的生产要素，就拥有由成本优势所决定的国家或区域竞争优势，通过贸易，获得比较利益。结合 20 世纪初世界经济的格局，"H—

O 模型"的基本结论是：由于资本和技术相对丰裕，发达国家或地区应该把资本密集型和技术密集型产业确定为自己的主导产业，生产并出售以换回自己所需要的劳动和资源密集型产品；同时，由于劳动力和自然资源相对丰裕，落后国家或地区应该把劳动密集型和资源密集型产业确定为自己的主导产业，以换回自己所需要的资本密型和技术密集型产品。

（二）区域要素流动理论

区域经济的竞争优势不仅取决于区域内自有要素资源的开发及利用，而且取决于区域外要素资源的流入。因此，要素流动是区域经济增长的动力。劳动力要素、资本要素、技术要素分别以各自的方式在区域间流动。

（1）劳动力要素的流动

劳动力要素的流动有两种形式，一种是人口迁移，另一种是跨区域就业。"劳动力要素的流动"理论核心是解释流动的原因、影响因素以及流动对区域经济发展的作用。劳动力要素流动对区域经济发展的作用有两个方面。一方面，劳动力流出区域不但失去了劳动力，更缺乏吸引其他区域劳动力加盟的可能性，甚至可能失去资本的注入，区域将会失去发展的动力。另一方面，劳动力流入区域形成了聚集优势，在流入区域形成的扩张效应大于在来源区域的收缩效应，使得整个国民经济得以增长。但是，如果劳动力流入过多，超过了区域的承载能力，则会发生聚集劣势，出现生活条件恶化、就业状况不佳，收入水平下降等情况。

（2）资本要素的流动

资本有两种存在形式，货币形式和实物形式。实物形式的资本一部分作为消费品用于消费，一部分作为生产资料用于投资。生产资料性质的资本中，同土地相关联的资本不具有流动性质，其他实物资本的流动即为产品使用的折旧。

"资本要素的流动"理论核心是解释资本要素流动的原因和作用，以及流动对区域经济增长的影响。由于投资者追求利润最大化，所以货币资本是从利润率低的区域流向利润率高的区域，利润率是货币资本流动的主要因素。实物资本由于其难以流通性，通常除利润率外，更多考虑本区域的区位条件是否合适，如果实在难以满足需求才会流动，也就是说实物资本的流动实际上是区位选择问题。

资本要素的流动对区域经济发展的作用有两个方面。一方面，随着资本流出，流出区域的生产潜力也随之下降。另一方面，资本流入区域的利润率会增加，进一步加大了区域之间人均收入和经济水平的差距。此外，资本要素的流动的作用不仅取决于流动量，更重要的是资本的利用率等。

（3）技术要素的流动

技术要素是区域内生产、组织等方面的存量，技术存量的变动就是技术进步。因此"技术要素的流动"理论的核心是解释技术进步在不同区域间分布差异的原因，以及技术进步对经济增长的作用。

技术要素的流动对区域经济发展的作用与劳动力要素流动、资本要素流动有本质不同。劳动力要素和资本要素的流出会使流出地该要素的存量变少，制约经济发展，但是技术要素的流动则不改变流出地的存量，同时，由技术要素流出而产生的生产许可或专利费用还会使流出地得到收益。但是，长期流动也会对流出地造成影响，由于目标区域也掌握了新的技术，提高其生产能力，会使区域间竞争加剧。另外，不同类型的技术要素对区域经济的影响也不尽相同。资本节约型技术进步对资本要素缺乏的区域可能更有利，对劳动力要素缺乏的地区可能没有作用甚至有反作用。同样的，劳动力节约型技术进步对劳动力要素缺乏的区域可能更有利，对资本要素缺乏的地区可能没有作用甚至有反作用。

综上所述，劳动要素、资本要素和技术要素流动各有自身的特点和方式，但相同之处在于，要素都倾向于流动到有更多报酬的区域。因此，一个区域要吸引要素投入，就需要创造更多有利条件使要素更多流入，达到经济增长的目的。

（三）区域经济合作理论

区域经济合作，是在全世界范围内都适用的发展经济方式。从一定意义上讲，在社会主义制度的国家，生产资料以公有制为主，进行的社会化大生产，统一市场的形成，国家有效的行政指令，应该比其他任何社会制度和经济体制的国家更有机会和条件广泛开展区域之间的联合，从而实现国民经济协调发展。区域经济合作从本质上讲就是区域之间相互依存的关系。马克思和恩格斯早在《共产党宣言》中，就明确阐述了随着资产阶级开拓了世界市场，世界经济必然相互依赖的原理。世界经济的依赖性，是资本主义世界经济发展到一定历史阶段的必然趋势，这种依赖性会渐渐扩散到世界的每一个区域、每一个领域，而且依赖并非是单向的，而是双向作用的。经济上的相互依赖关系，把世界范围内的区域联接成一个经济体系，促进物质世界的丰富。反之，孤立的经济状态，则使一个区域物资匮乏，经济停滞。随后出现的与资本主义政体不同的社会主义国家，也依旧不能在经济上成为孤立国，世界经济是相互依赖的。

区域合作的双方可以包含以下几种，区域内部合作、区域与国内其他区域合作、区域与国外区域合作等。无论是何种形式的区域合作，其基础都是由于分工不同形成的优势互补。"区域经济合作理论"的积极意义在于，该理论使经济运行的行政区域范围转变为经济区域范围成为可能。

二、农业科技援助主要模式

本书所主要论述的农业科技对口援助，是在多个不同的社会组织关系中形成的一种复杂的社会经济现象，参与这个系统的社会组织包括以政府、农业科研机构、农业企业、农业社会团体等为主的供给主体及以受援地区贫困户为主的需求主体。它们为了不同的目标参与到科技援助中，供给主体在向需求主体提供脱贫致富所需要的资金、技术、产品等的同时，通过科技援助活动，实现自身的目标，形成了一个推动创新的网络系统（图 2-1）。

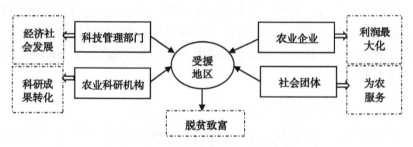

图 2-1 农业科技对口援助参与主体

农业科技援助模式按照参与主体的不同，可划分为政府主导型、农业教学科研院所引导型、龙头企业等新型经营主体带动型、涉农社会团体参与型等不同类型。

（一）政府主导型

（1）主要路径

政府是消除贫困的主体，政府主导型科技援助模式通过政府出面组织，协调配置资源扶助贫困户或受援地区发展生产，依据当地的自然资源和社会经济发展条件，制定国民经济和社会发展的总体战略，确定区域性经济发展的支柱产业，集中人力、物力和财力，择优扶植，重点突破"短、平、快"的科技项目。在作用方式上，由科技管理部门把握扶贫方向、确定扶贫重点、制定扶贫政策、划拨扶贫资金，通过有目的、有计划地实施科技扶贫计划和项目，迅速解决贫困农民因新技术、产品缺乏带来的困难（图2-2）。这种模式主要依靠政府部门的行政手段，具有一定的计划性和任务性，适宜于战略性、大格局式扶贫。目前开展的对口援助均以该模式为主导。

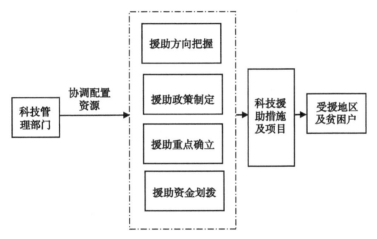

图2-2 政府主导型科技援助模式作用方式

（2）模式评价

政府主导型科技援助模式其特点是通过政府配置资源建立和完善社会化服务体系，带动区域经济的发展，使农户从中得到较多的利益，以此脱贫致富。根据受援地区特点，选择能发挥优势潜力的若干产业作为区域经济的原始生长点，以科技为先导，通过政府配置资源建立和完善社会化服务体系，直接引进先进适用的科技成果，开发某一种拳头产品或支柱产业，从而带动整个区域经济的发展，最终实现脱贫致富。

该模式由政府科技部门和下属的科技管理部门主导和推动，科技援助政策、方向、资金等的把握都由政府来组织完成，形成政策、资金传递系统，运行机制方面存在一定缺陷。首先，在援助资金的运行方面，政府担任着多重角色。政府是所有帮扶资金的聚集者、投放者、管理者和监督者。因此，在援助资金的管理和监督方面缺乏第三方的监督。其次，项目多头管理，资源使用效率较低。多部门参与的援助机制造成项目与资金多方管理，援助部门之间难以有效协调或协调力度较弱，以及由此产生的援助成本高昂、资源使用效率低下等问题。第三，反贫主体作用未能充分发挥。这种"自上而下"单向反贫方式，不能充分发挥贫困农户作为反贫主体的作用，在援助开发活动的实施过程中，贫困农户缺乏相应的知情权、参与权、决策权、管理权、评估权和监督权等，影响到援助的可持续性。

（二）教学科研机构引导型

（1）主要路径

以农业科研院所为依托的科技援助模式主要是在政府引导下，以农业科研院所为依托在受援地区建立农业科技示范推广基地，选择适合转化的农业成果，通过农业科技示范推广基地开展农业科技示范、培训咨询、信息服务等活动，形成科技成果转化平台，推动科研成果和技术在受援地区的推广应用。北京农业科研机构除为受援地区农民专业合作组织、企业和农民等不同主体提供产品、技术和信息等科技服务支撑外，还通过与涉农企业、地方政府及科研单位之间的合作，建立示范基地、组织农民技术培训、提供专家服务、联合攻关项目等，进行更直接的科技扶贫服务，实现科技与产业结合、科技与农民对接，使科技成果迅速传播到受援地区（图2-3）。

（2）模式评价

农业科研单位借助其壮大的科技扶贫队伍、实用的农业科技成果是科技扶贫的实施主力，其参与科技援助主要是在政府引导下，以项目为纽带，通过与受援地区当地政府合作开展。但科研单位参与的农业科技援助大多是公益性项目，农业科技成果转化的收益分配制度还在探索中，现有科研单位的激励制度考虑"面"奖励多，"点"上标杆奖励不足，科技推广服务职称晋升难度大，并不能充分调动科技服务人员的积极性。

（三）龙头企业带动型

（1）主要路径

龙头企业带动型科技援助模式主要是以加工或销售企业为龙头，以市

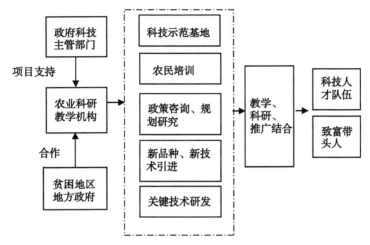

图 2-3 农业教学科研机构引导型科技援助模式作用方式

场经济为导向，以科技为支撑，以农产品为原料，依靠科技发展优质、低耗、高产、高效农业，从整体上解决贫困农户温饱问题的扶贫模式。在作用方式上，龙头企业以增加自身经济利益为目的，在各类农业产业中开展区域化布局、专业化生产、企业化管理、社会化服务及一体化经营，将农民融入到龙头企业的产业链中，通过利益联结，将农民与企业深度融合，实现脱贫致富。

（2）模式评价

龙头企业带动模式的主要特点是以最终增进龙头企业自身经济利益为目的，以龙头企业产前、产后相关的生产环节和产品为服务对象，结合龙头企业自身发展需求及自身的资源优势，最大限度地组织市场、技术、信息、资金、人力资源等要素在受援地区开展产业扶贫，通过一系列技术推广和示范活动，把先进适用技术和设备送到受援地区农户中。该模式中援助主体不是施舍者，而援助受体也不是被施舍者，双方按照市场的价值规律进行等价交换，实现了经济利益的双赢。

但企业参与援助的动机具有一定的功利性和盲从性。有些企业参与援助是为了获取政府潜在的政策支持，事实上表现为一种"以小换大"的利益交换关系；二是企业效益的波动容易影响到扶贫项目的稳定性。目前，大部分企业没有设立专项援助资金，在此条件下，企业自身经营效益的波动必然直接影响其援助资金投入的规模，使企业参与援助表现出显著的波动性特征，需要政府要加强监管，建立科学合理的考核评价机制和市场主体的退出机制；此外，贫困人口属于社会"弱势群体"，在市场博弈中处于弱势，龙头企业带动型援助要切实保障受援地区贫困人口的权益。

（四）社会社团参与型

（1）主要路径

农业社会团体是以某种专业产品或某项专业技术服务为纽带，在自愿互利和平等协商的前提下，自主组织起来，实行民主管理、民主决策、为会员利益服务的一种自助性民间经济技术合作组织。它是以专业户为基础，以技术服务、信息交流以及农业生产资料供给、农产品销售为核心组织起来的技术经济服务体系。

作为政府、科研单位、企业等技术供给主体与受援地区农户之间的纽带，农业社会团体这一中间技术需求层次，在带动农户的科技需求、进行科技服务、推动受援地区科技进步和脱贫致富方面起到重要作用。一方面社会团体在援助项目实施过程中，协助政府部门开展政策性的宣传和引导，利用自己第三方的专业优势，提升政策引导效能，促进政府与受援地区农户的沟通协调。社会团体作为专业性的行业组织，具有突出的资源整合能力，凭借其广泛的专家网络和社会资源，通过发起慈善捐赠、开展援助项目多种方式为科研单位、企业等社会扶贫力量提供参与渠道。同时社会团体更注重受援地区农户的参与度，通过了解受援地区农户的内在需求，并以需求为导向搭建沟通机制，设计援助项目，在一定程度上降低了扶贫工作的复杂性。

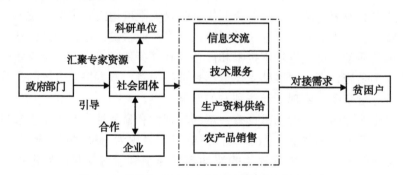

图 2-4 社会团体参与型科技援助模式作用方式

（2）模式评价

社会团体由于其基层性与广泛的参与性，能够以多样性、灵活性的方式，参与科技服务提供，满足受援地区农户多元、异质化的技术需求。其本身具有很强的功能外溢性，不仅重视在理论方面获得研究成果，同时也具有促进科技成果直接转化为现实生产力的作用，在科技评价、科技奖励、科技成果鉴定等方面作用突出。同时由于本身的公益性特点，不以营利为目的，多以服务慈善、公益为宗旨，也避免了其他扶贫主体追逐自身利益所导致的资源投放偏离、分配不均及浪费等问题，最大化的实现扶贫资源的作用。

但社会团体自身职能定位及资源获取渠道等因素的影响，导致社会团体资金来源比较匮乏和单一，组织运行经费主要依赖于会费的收取及政府经费，面向社会所获得的服务性资金来源不足，而政府相关部门对于社会团体资金的直接性资源供给相对来说也较为有限。分散、有限的资金难用于发展产业项目，无法形成效益的最大化。政府对社会团体的职能转移、购买服务、财税政策等方面的制度支持力度还有待提升。

综上所述，农业科技对口援助是一个复杂的系统，具有多种模式，这些模式由于实施条件和适用范围不同，在实践过程中需要综合使用，构建多元化科技援助路径。为此，北京在多年的对口援助工作实践中，借助首都的科技、人才、技术优势，构建了以政府为主导，多元主体参与的农业科技对口援助工作格局。

第三章 首都科技对口援助地区概况
——以调研地区为例

一、受援地区发展概况

（一）区位情况

本书调研的受援地区的区位特点可以概括为"山、少、偏"三个字。"山"是指高原、山地、丘陵面积大，海拔高，自然环境条件恶劣，发展条件有限；"少"是指少数民族多，玉树藏族人口占98.3%，赤峰蒙古族人口占19.44%，拉萨藏族人口占90%以上，乌兰察布蒙古族人口占2.32%，巴东少数民族（包含蒙古族、苗族、回族、藏族、维吾尔族等）占50.5%；"偏"是指区位偏僻，大都远离区域中心，不能受到中心城市的辐射，交通、公共服务水平等社会基础薄弱（表3-1）。以上区位特点导致受援地区区域性的基础设施和社会事业落后，进而使群众生产生活条件较为落后，物质生活较为匮乏。

表3-1 受援地区区位特点

地　区	面积（万 km²）	主要民族	气候特征	地貌特征	自然特色
玉　树	26	藏	大陆性高寒	高原	水源充足
乌兰察布	5.45	汉、蒙	大陆性季风	高原、丘陵	旱作农业
赤　峰	9	汉、蒙	半干旱大陆性季风	山地、丘陵	旱作农业
十　堰	2.4	汉	亚热带季风	山地、丘陵	生物资源丰富
拉　萨	2.95	藏	温带半干旱季风	高原	日照时间长
巴　东	2.66	汉	大陆半湿润季风	盆地	水源充足
南　阳	0.34	藏、苗等	亚热带季风	山地	气候温和雨量充沛

（二）经济发展现状

"十二五"期间，各受援地区经济保持"缓中趋稳、稳中向好"的态势，国内生产总值、第一二三产业均比上年有所增加，为"十二五"完美收官和"十三五"顺利开局奠定了坚实基础。然而，除却个别调研受援地区，农村人口比例基本上都超过50%，第一产业值比重较高，超过10%，人均GDP在省（区）内排名靠后，经济发展水平不高（表3-2、表3-3）。根据钱纳里一般标准工业化模型，7个调研地区均处于工业化形成阶段，其中，玉树处于该阶段的初期，巴东、南阳处于该阶段的中期，十堰、赤峰、乌兰察布、拉萨处于该阶段的后期。历史经验和国际研究表明，一个国家或地区人均GDP达到工业化形成阶段的中期时，往往会面临发展的分水岭，处理得当，通常会出现一个较长的经济高速增长时期，并在较短时间内实现人均GDP的更高突破；反之，则可能出现经济徘徊不前，甚至倒退。因此，调研受援地区处在经济发展的关键时期。

表3-2　受援地区2014年社会经济与人口构成情况

地 区	总人口 （万人）	农村人口 （%）	生产总值 （亿元）	第一产业 （%）	第二产业 （%）	第三产业 （%）
玉树	40.5	33.67	56.49	43	38	19
拉萨	56.0	64.71	347.45	3.72	36.77	59.51
赤峰	464.3	77.75	1 930.20	14.22	46.21	39.57
乌兰察布	287.0	51.22	987.10	13.71	45.73	40.56
恩施州（巴东）	48.6	58.27	612.01	22.71	36.22	41.07
十堰	356.0		1 200.80	12.59	50.81	36.60
南阳	1 006.0	79.52	635.31	7.25	43.44	49.31

数据来源：受援地区2015年统计年鉴及国民经济和社会发展统计公报

表3-3　受援地区2015年人均GDP及在省（区）内排名

地 区	人均GDP （元）	人均GDP （美元）	省（区）内 人均GDP排名	省（区） 内地区数（个）
拉萨	69 621.02	11 177.99	1	1
玉树	15 225.04	2 444.46	8	8
南阳	28 781.57	4 621.02	15	18

（续表）

地 区	人均 GDP（元）	人均 GDP（美元）	省（区）内人均 GDP 排名	省（区）内地区数（个）
十堰	38 544.92	6 188.57	10	17
恩施州（巴东）	20 194.71	3 242.36	17	17
赤峰	43 247.13	6 943.54	10	12
乌兰察布	43 161.40	6 929.77	11	12

数据来源：受援地区 2015 年统计年鉴及国民经济和社会发展统计公报

（三）农牧业发展情况

"十二五"以来，受援地区农牧业紧紧抓住国家农业重大战略机遇，以农牧业增效和农民增收为目标，不断加快转变农牧业生产经营方式，突出地方农业特色，农牧业综合生产能力及供给能力得到有效提升。

（1）农牧业综合生产能力显著提高

从农业内部产业结构看，7 个受援地区农业、牧业产值占农林牧渔业总产值比重接近或超过 90%，是我国重要的特色农牧业和粮食生产基地。"十二五"以来，受援地区紧密围绕国家对未来农业发展所作的总体战略部署和安排，着眼于自身优势，多渠道筹措农业综合开发资金，不断加大科技投入，有效改善了农业生产条件，提高了农业综合生产能力，促进农林牧渔业产值不断增加。与上年相比，2014 年各受援地区农林牧渔业总产值均比上年有所提高，但发展速度还不是十分均衡（表3-4）。

表3-4 受援地区 2014 年农林牧渔业产业结构情况

产业结构情况	玉 树	拉 萨	赤 峰	乌兰察布	巴 东	十 堰	南 阳
农林牧渔业总产值（亿元）	29.62	21.29	456.41	230.18	28.52	273.11	818.37
其中：农业产值占比（%）	24.96	44.35	62.45	45.41	55.32	57.47	61.27
林业产值占比（%）	2.26	1.63	4.10	3.04	4.24	4.32	2.11
牧业产值（%）	71.31	53.41	31.38	49.03	39.53	32.21	32.23
渔业产值（%）	0.00	0.07	0.58	0.43	0.38	5.50	1.61

（续表）

产业结构情况	玉树	拉萨	赤峰	乌兰察布	巴东	十堰	南阳
农林牧渔服务业（%）	1.47	0.54	1.49	2.09	0.52	0.51	2.78
农林牧渔总产值比上年增长（%）	1.96	20.21	3.70	2.70	4.31	9.18	6.24

资料来源：各地区统计年鉴

2011—2014年，拉萨市农林牧渔业总产值从16.32亿元增长到21.29亿元，年均增长率达到9.26%，农牧业产值占农林牧渔业总产值的97.76%。玉树农林牧渔业总产值从23.5亿元增长到为29.6亿元，年均增长率达到7.9%。玉树的农业和牧业在农业内部产值占比达到96.27%。2015年玉树地区农作物播种面积为18.03万亩，粮油总产达到17 373吨，饲草料种植面积为10.9万亩，产量达1.2万吨，牧业产值达到21.13亿元，牧业增加值达到19.12亿元，草食牲畜母畜比例和繁活率分别比2010年提高1.43%、4.1%；

赤峰市、乌兰察布市是内蒙古的农业重要产区之一，农业、牧业产值占农林牧渔业总产值90%以上，是两市农业发展的重要内容。近年来，赤峰市农畜产品全面丰产丰收，粮食连续四年稳定在500万吨以上，连续三年被评为"国家粮食生产先进市"，家畜存栏超过2 000万头（只），连续10年居自治区首位；乌兰察布的种植业和畜牧业生产也有显著提升，2015年粮食产量达112.5万吨，比2010年增加33.5万吨，增幅42.4%；

十堰、巴东是湖北省特色农业产业生产基地，农业产值占农林牧渔业总产值比超过50%，牧业产值占比超过30%。2015年，十堰累计建立生态特色农业基地558.4万亩，总产值达165亿元，比2005年增长10倍，占全市农业总产值的75%；

巴东2015年实现农业总产值28.16亿元，其中，种植业总产值15.46亿元，占农业总产值的54%。全年实现农林牧渔业增加值17.29万元，较上年增长5.3%；

南阳为河南省重要的粮食生产基地。"十二五"期间，累计建成高标准粮田424.7万亩，2015年粮食总产达到541万吨，实现了"十二连增"，其中夏粮实现了"十三连增"。

（2）优势产业布局逐步形成

"十二五"时期，各受援地区凭借地形地貌特点和资源禀赋，按照产业布局规划，实施集中连片布局，重点发展优势特色产业，进一步优化区域性农业产业布局，推动农业规模化经营、集约化发展和社会化服务（表3-5）。

表3-5 受援地区优势产业汇总

地 区	特色产业
玉树	打造高原绿色有机品牌，扎实推进"肉架子、菜篮子、奶瓶子"工程，加大特色农作物种植业面积，巩固和扩大青稞基地种植面积，加大芫根、蔬菜、马铃薯、中藏药材等种植基地建设规模，同时形成一批有规模、有效益的牦牛藏羊养殖场、良种繁殖场
拉萨	大力发展净土健康产业，重点打造天然饮用水、奶业、藏香猪（生猪）养殖、藏香鸡养殖、食用菌种植、藏药材种植、经济林木与特色花卉、高原特色设施园艺和斑头雁养殖等"九大产业"，确立了净土健康种植业"两区八带"、养殖业"一区二带三板块"的发展格局
赤峰	基本形成了地区特色鲜明、资源优势互补的农畜产品区域布局，蛋鸡产业、生猪产业、肉羊产业、肉牛产业、饲草产业成为赤峰优势主导产业
乌兰察布	坚持走特色路、打绿色牌，建设了面向京津的绿色农畜产品生产加工输出基地，形成了马铃薯、冷凉蔬菜、生猪、肉牛肉羊、杂粮杂豆和奶牛等六大优势特色产业
巴东	大力发展柑橘、药材、茶叶、蔬菜、葛根等特色产业，建成农业万亩特色产业基地、特色产业专业村
十堰	始终把绿色生态有机循环作为农业发展的根本方向，做大做强茶叶、中药材、林果业、水产品产业等特色产业，大力发展观光农业、精品农业、生态农业
南阳	锁定特色品种，做大产业规模，提升产业效益，在粮食、畜牧、油料、烟叶、中药材五大传统优势产业日益巩固的同时，蔬菜、食用菌、花卉苗木、猕猴桃、茶叶五大新兴特色产业逐步发展壮大

（3）新型经营主体不断壮大

各受援地区新型经营主体培育初见成效。玉树大力扶持发展农牧民专业合作社、养畜大户等新型经营主体，进一步推动草场、耕地、牲畜等生产要素实现流转和优化重组，以股份制、联户制为主体，大户制、代牧制为补充的生态畜牧业经济合作社模式逐步形成，组织化程度显著提升。全州共组建生态畜牧业合作社200个，累计整合牲畜100万头只，养殖、饲料及加工龙头企业25家，兽药、饲料等各类经销大户（公司）50余家；

赤峰积极推进农牧业适度规模经营和土地草牧场承包经营权流转，农牧业规模化和集约化水平不断提升，"十二五"期末，全市土地、草牧场流转率分别比"十一五"期末提高了21.7%、5.1%，种养大户达到10.4万户，家庭农牧场800多个，农牧业专业合作社1.5万家；巴东农业经营主体呈现出多元多样的发展态势，逐步形成"龙头企业+合作社+农户"和"龙头企业+基地+农户"经营模式，截至2016年，全县运作的农民合作社达224个，登记注册的各类专业大户、家庭农场达到9个，州级以上龙头企业和农民专业合作社示范社分别达到25家和29家。

（4）产业化水平获得全面提升

拉萨市净土健康产业企业达89家，实现产值近28.7亿元，其中规模以上企业26家；巴东企业发展活力逐步增强，农产品加工规模企业达到25家，品牌建设力度不断加强，已成功争创湖北省品牌产品6个（如雷家坪桠柑、水布垭牌银杏酒等）和中国驰名商标1个（三峡牌白酒）；南阳把农业产业化集群培育作为构建新型产业体系的重点，集中打造了20个产业化集群，其中省级集群9家，省级示范性集群2家，参与农业产业化经营的农户188.03万户；乌兰察布农牧业产业化取得了长足发展，集宁区现代农业产业化示范基地被农业部认定为国家农业产业化示范基地，农畜产品加工能力增强，2015年年销售收入500万元以上农畜产品加工企业发展到151家，市级以上农牧业产业化重点龙头企业83家。

（5）农业科技推广水平日益提升

玉树通过实施农村牧区劳动力培训阳光工程、职业牧民培训工程、玉树州星火人才培训项目、农牧民实用技术培训项目等，完成牧民技能培训21万人（次），牧民实用技术骨干培训3万人（次），培养了一大批懂技术、会经营、善管理的新型农牧民；拉萨重点加强了农作物、畜禽新品种选育，通过聘请首席专家、机制指导员的方式，有效构建起以"首席专家定点联系到县、农机指导人员包村联户"的工作机制，重点扶持青稞、小麦、设施农业等主导品种及其配套主推技术，加大对农产品生产检测人员的培训力度；乌兰察布围绕特色和主导产业，加强新品种、新技术的选育引进、示范推广，推行了土壤健康工程，实施测土配方施肥和有机质提升项目，耕地质量保护和提升效果显著。农技推广体系建设日趋完善，现有市县乡三级农技推广机构259个，农技推广人员3 920人，成立了蔬菜和生猪院士工作站，马铃薯和肉羊院士工作站正在积极筹建；赤峰主要农作物良种覆盖率达到 96.6%，牲畜改良率达到 96.5%，落实农业部高产创建示范面积 66 万亩（1 亩＝1 公顷。全书同），松山区被农业部认定为国家级杂交玉米种子生产基地和国家现代农业示范区。培育科技示范户 1.45 万户、新型职业农民 2 076 名，杰出农村牧区实用人才 100 名；巴东强化了"科技指导直接到户，良种良法直接到田"的科技推广新机制，组织全县农业科技人员深入生产第一线，每年采取现场会、培训会、送科技下乡活动，印发技术资料，开展技术承包和办科技联系点、示范点等多种形式和方法，大力推广新品种、新技术、新模式、新农械、新工艺。

二、受援地区农牧业发展面临的问题

"十二五"以来，受援地区农牧业发展成绩显著，但同全国其他地区，尤其是同农牧业相对发达地区比，仍然存在很大差距，其发展也面临诸多问题，主要归结如下。

（一）基础设施落后，农民增收难

一是对农村投入不足。政府财力紧张，对农村基础设施建设支持不够，导致农村基础设施落后。二是农田水利设施落后，造成农民抵御自然灾害的能力有限，靠天吃饭、粗放经营的局面仍然没有改变。加之与国内外农畜产品价格倒挂的矛盾日益突出，农牧业比较效益低。一方面，农牧业生产成本快速攀升，农畜产品价格弱势运行，导致农牧业比较效益持续走低；另一方面，主要农畜产品价格已高于进口价格，农牧业补贴已经接近世贸组织规定的上限。成本"地板"与价格"天花板"给农牧业持续发展带来双重挤压，导致受援地区农民收入水平不高。

（二）产业链条短，农产品加工技术落后

尽管受援地区目前特色产业规模优势已经形成，产品品质优良，但整体上产业化程度低，特别是缺乏大型龙头企业带动，农产品加工技术落后，精深加工能力不足，产品附加值较低，产业链条短。以玉树为例，大部分农畜产品加工规模较小、档次较低，产品单一，品牌建设不强，缺少"拳头"产品，高端农畜产品开发滞后，加工龙头企业带动农牧业提档升级的能力较弱。

（三）品牌经营理念缺乏，产品竞争力不强

一个良好的品牌具有高信任度、高附加值，而受援地区品牌经营理念相对缺乏，没有把品牌当成一种无形资产主动积累，品牌拓展水平不高，导致许多优质产品失去了它本该有的竞争优势，整个产业效益无法充分发挥。以巴东为例，全县各产业虽已注册了各种商标，经过了绿色食品认证，地理标识认证等，但是，各类企业、合作社、农户等都没很好地利用其品牌的独有价值，消费者的认可度不高。

（四）产销信息沟通不畅，销售渠道单一

受援地区农牧产品多为原生态，产品品质好，但由于市场信息不对称，产销衔接不畅，其农牧业产业仍然沿袭着传统的小农作业式运营模式，产品销售仍以外地零散客商上门收购、产地自销为主，销售渠道较为单一，导致好的优质产品营销难，品质优势没有转化为品牌优势，质优价不优，无法实现效益有效转化。农牧产品产销衔接不畅问题已经成为制约受援地区农牧业产业取得进步的主要障碍。

第四章　首都农业科技对口援助现状

一、对口援助工作情况

(一) 规划先行，援助工作有序实施

自 1994 年 7 月，中央召开第三次西藏工作座谈会，确定首都对口援助拉萨市。22 年来，北京市委、市政府从资金、人才、技术等多方面、全方位开展了一系列对外援助工作。"十二五"期间，北京市对西藏、新疆维吾尔自治区（全书简称新疆）、青海、湖北、内蒙古、河北、河南等 7 个省区的 74 个县级地区开展支援帮扶协作工作，其中 68 个为国家级或省级贫困县，累计投入财政资金 136.42 亿元，完成项目 1 771 个。针对本次调研的七个地区，北京市为协助边疆、民族地区的发展重点对接拉萨市的对口支援工作、为帮助玉树灾后重建在援青工作中加大对玉树州的对口支援力度、为推进三峡工程、南水北调工程等重大工程项目建设对湖北省巴东县、十堰市、河南省南阳市开展对口支援，并以对口帮扶赤峰、乌兰察布两市为重点推进京蒙区域合作等。受援面积 40.69 万 km²，受援人口约 1 378.69万人（见表 4-1）。

同时为全面科学部署北京市的对口支援工作，制定了《北京市"十二五"时期对口支援和区域合作规划》，以此规划为基础，根据各地区的发展差异，以及北京市与对口援助和区域合作的省、市、自治区签订的有关协议，分别制定了针对各受援地区的对口支援规划或实施方案等，提出对口支援工作的总体思路、原则和目标，明确援助的方向和任务，安排援助项目和资金。通过规划先行，加强顶层设计，制定不同的援助方案，指导北京市对口支援工作，促进各地区对口援助工作有序进行。

(二) 科学管理，工作机制逐渐完善

北京市对口援助工作实行科学管理，工作体制和机制逐渐完善。整合

表 4-1　北京援助工作基本情况

支援地区	支援起始时间	支援范围	支援面积（万 km²）	支援人口（万人）	支援方式	规划制定
拉萨市	1994 年	城关区、柳梧新区、堆龙德庆县、当雄县、"三区两县"	2.36	12.08	对口支援	《北京市"十二五"时期对口支援西藏经济社会发展规划》
玉树州	2010 年	玉树、称多、囊谦、杂多、治多、曲麻莱 6 县	20.3	37.34	对口支援	《北京市对口支援青海玉树"十二五"规划（2011—2015）》
巴东县	1993 年	巴东县	0.32	49.27	对口帮扶	《北京市"十二五"时期对口支援三峡库区巴东县工作实施方案》
南阳市	2014 年先期启动 5 000 万元（2011 年）	淅川县、西峡县、内乡县	0.87	177	对口协作	《北京市南水北调对口协作工作实施方案》
十堰市	2014 年	9 个县（市区）及神农架林区	2.39	356	对口协作	《北京市南水北调对口协作规划》
赤峰市	2010 年（重点扶持）	3 区 7 旗 2 县	9	460	区域合作	《北京市人民政府——内蒙古自治区人民政府区域合作框架协议》（2010 年）
乌兰察布市	2010 年（重点扶持）	11 个旗县市区和 1 个经济技术开发区	5.45	287	区域合作	《京蒙区域合作和对口帮扶"十二五"规划》

全市对口支援和区域合作的领导机构，成立了以市委书记为组长、市长为常务副组长的市对口支援和经济合作工作领导小组，下设领导小组办公室和新疆和田、西藏拉萨、青海玉树三个前方指挥部，并在领导小组办公室下设立了京蒙区域合作工作协调小组、北京市对口支援三峡库区巴东县工作协调小组、北京市南水北调对口协作工作协调小组。同时各受援地区分别成立专门部门承接对口援助工作。形成北京市党委政府坚强领导，组织部和对口支援办统筹协调，指挥部强力推动，各方全力支持配合的对口援助工作格局。

探索建立结对帮扶机制，由北京市各区县与受援地区各区县建立结对帮扶合作关系，配备干部人才队伍，建立桥梁纽带，引进北京市区县帮扶资金和物资；针对受援地区管理干部人才缺乏问题，建立干部挂职、互换机制，加强人才交流；健全各受援地区援助资金管理办法，明确了资金使用方向，提高资金使用效益；在资金管理上，采用"交支票"与"交钥匙"并存，确保项目进度和工程质量。各项工作机制的完善，为做好北京对口援助工作提供了坚实的制度保障（表4-2）。

表4-2　各地区对口援助管理机构及管理办法

受援地区	机　构	管理办法
拉萨	援藏指挥部	《援藏干部规范》《援藏项目管理规定》《援藏资金使用和审计规定》
玉树	成立州、县两级对口支援工作领导小组	《对口支援玉树州项目管理办法》
巴东	县三峡办	《北京市对口支援项目管理暂行办法》
南阳	市发改委	《河南省对口协作项目资金管理办法》
十堰	市发改委	《湖北省对口协作项目资金管理办法》
赤峰	市发改委设立对口帮扶合作办公室	《赤峰市京蒙对口帮扶项目及资金管理实施细则》
乌兰察布	市发改委设立对口帮扶合作办公室	《乌兰察布市京蒙对口帮扶项目及资金管理实施细则》《乌兰察布市京蒙对口帮扶合作贷款贴息资金管理办法实施细则》

（三）项目支持，加大援助资金保障

"十二五"期间北京加大援助资金投入，并建立8%的年度资金增长机制，对 7 个调研的受援地区累计投入援助资金 48.6 亿元，其中农业项目投资约占总投资的 25%。具体各地区援助资金投入情况如下。

北京援藏资金超过 21.46 亿元，实施了 8 大类 200 多个项目，农业项目约占 20%，包括农牧区基础设施建设、产业扶持、生态建设、人才培训等，是投入援藏资金最多的援藏省市之一。

"十二五"累计援助玉树州资金 11.22 亿元，实施项目 230 个，其中在农牧业科技方面累计投入 3 827 万元，并重点向边远贫困地区倾斜，共实施基础设施、技能培训等 20 个项目。

"十二五"累计援助巴东资金及物资折合 3.01 亿元，占全国援助巴东资金总额的 50.93%，并带动市直部门积极支持巴东的产业发展，市农委每年安排 300 万元支持巴东有机茶、马铃薯良种繁育等基地建设。

2014 及 2015 年北京每年安排 5 亿元南水北调对口协作资金，河南省和湖北省各 2.5 亿元，用于库区基础设施建设、产业扶持及民生项目。其中南阳共投资 3.2 亿元，两年来，南阳水源区 3 个县共实施 122 个援助资金项目，其中农业项目 22 个，援助资金 7 505.25 万元，约占总资金的 24%。

京蒙帮扶资金由"十一五"期间每年 3 060 万元提高到"十二五"期间的每年 8 000 万元，自治区政府按照 1：1 配套，北京累计投入 4.67 亿元，在赤峰市、乌兰察布市实施各类帮扶项目 248 个，其中乌兰察布市共投入 1.6 亿元实施农牧业帮扶及产业类扶贫项目 32 个。详见表 4-3。

表 4-3　"十二五"北京支援各地区资金投入情况

受援地区	资金投入（亿元）	农业项目投资大约占比（%）
拉萨	21.46	20
玉树	11.22	3
巴东	3.01	14
南阳	3.20	24
十堰	5.00	
赤峰	2.61	
乌兰察布	2.05	26

资料来源：各调研地区提供数据汇总

二、对口援助工作成效

北京坚持把促进受援地区跨越式发展作为工作的根本宗旨，把带动区域经济发展方式转变作为工作的主线。按照科学援助、首善标准、民生优先的理念，充分发挥首都科技、智力、人才、市场等优势，因地制宜开展多种形式的对口支援，高质量、高水平、高效率完成援助任务，形成科技、经济、干部、人才、教育、市场全方位协同推进的格局，为受援地区全面建设小康社会创造更好的发展基础和条件。结合受援地区的资源禀赋和科技发展需求，北京充分发挥首都农产品市场优势、农业科技优势、农业企业优势，围绕创新和服务两大要素，促进区域间科技要素跨界流动，自 2010 年以来，北京向内蒙古转移高新技术成果 200 多项。输出到西藏的技术合同 585 项，成交额达 11.5 亿元，采取科技培训、技术指导、引进新品种、新技术、园区及示范基地建设、展会推介、科技咨询服务等多种农业科技援助形式，通过扶持特色优势产业、促进产学研合作、搭建科技服务平台、培育新型经营主体、加强生态保护修复等，发挥首都农业科技在受援地区的辐射带动作用。

（一）扶持特色优势产业，提升自我发展能力

充分将首都科技优势与受援地区资源禀赋相结合，从受援地区特色优势产业着手，寻找对口援助工作切入点。注重细分市场，助推"一县一业"产业发展。通过帮助受援地区引进适合当地种养殖需要的优良畜牧品种、蔬菜品种、花卉品种、建立特色种养殖示范基地、引入先进管理模式等，增强受援地区"造血"能力，提升农牧业科技水平。

如"十二五"期间北京针对拉萨高原特色设施园艺及藏香鸡养殖等优势特色产业，建成羊达乡现代设施农业园、藏鸡原种保护与繁育基地，并推广"农超对接、农校对接、蔬菜直通车"等销售模式；在"薯都"乌兰察布合作建设冷凉蔬菜、马铃薯"双百万"基地；在赤峰发展宁城县的设施农业、阿鲁科尔沁旗的小米等种植项目；为扶持巴东富硒茶叶发展，北京投入 1 500 万元建设巴东县茶叶基地，并建设了巴东县魔芋良种繁育基地、生猪良种基地，保护良种资源得到合理利用；投资 5 000 万元建设淅川县生态农业示范区，发展了 1 万亩金银花生产基地，带动 13 个村 4 640 户（1.81 万人）就业；在十堰建成竹山县核桃基地、中药材、食

用菌基地等。详见表4-4。

表4-4 北京扶持受援地区特色产业情况

地区	优势产业	援助项目	投资金额（万元）	成效
拉萨堆龙德庆区	高原特色设施园艺	羊达乡现代设施农业园	3 469	年产无公害蔬菜360万千克，辐射带动180户，户均收入约2.8万元
拉萨尼木县	藏香鸡养殖	藏鸡原种保护与繁育基地	1 735	建立尼木县特色藏鸡产业品牌，培育普松乡为纯种藏鸡专业养殖乡，全县培育200只以上养殖大户100户
乌兰察布玫瑰营镇	蔬菜	日光温室	4 300	共建设日光温室379座，销售收入达2 198万元，利润达1 538万元，户均收入4万元
巴东	富硒茶叶、魔芋、柑橘、畜禽产品	巴东县茶叶基地、魔芋良种繁育基地、高标准柑橘基地、生猪良种	1 550	每年发展无性系良种茶园10 000亩，净收益3 000万元，全县生猪良种繁育体系建设加强，良种资源得到合理利用
南阳	花卉苗木、核桃	淅川县生态农业示范区、1万亩金银花生产基地、文玩核桃基地	5 000	带动13个村4 640户（1.81万人）就业，示范区内实现年户均增收1.293万元

（二）促进产学研合作对接，支援主体多元化

在政府作为对口支援主导力量的基础上，北京借助对口支援平台，充分发挥政府引导作用，以项目为纽带，带动社会力量参与对口援助工作，援助主体更加多元化。在京高校、科研院所、农业龙头企业，在农牧业新技术、新品种、新设施推广、关键技术研发、农业科技咨询等方面与受援地区开展广泛交流与合作。

（1）搭桥在京科研院所与受援地区合作交流，提供农业科技援助，促成产学研合作

如引进北京市农林科学院与拉萨尼木县合作，为该县制定《有机农业发展规划》；促成了中国工程院首个院士工作站在拉萨成立，该站将为有条件的企业组织技术团队联合攻关，尤其在林业生态和林源—资源高效加工利用等开展实质性项目合作和关键技术联合攻关。

（2）引进龙头企业，延长受援地区农牧业产业链条

如向拉萨引进北京德青源公司，建设藏鸡保种与繁育示范基地、藏鸡研究院以及屠宰场与加工中心，以加速推进拉萨藏鸡原种保护与养殖产业化发展；在玉树促成北京密丝蒂咔公司与囊谦县合作，并成功研发了黑青稞啤酒；为乌兰察布引进北京二商集团、凯达恒业、北京原食公司等一批农业龙头企业，建设全自动薯条加工厂、精品猪肉饲养加工等农畜产品加工项目，提升乌兰察布企业精深加工能力；在巴东成功牵头北京御食园食品股份有限公司，建立10万亩红薯生产基地，同步开展红薯储藏试验，带动了巴东农产品加工企业的生产。详见表4-5。

表4-5　引入北京企业投资受援地区情况

受援地区	引入企业	投资额	成　效
拉萨	北京德青源公司	2.26亿元	建设藏鸡保种与繁育示范基地、藏鸡研究院以及屠宰场与加工中心，加速推进拉萨藏鸡原种保护与养殖产业化发展
乌兰察布	北京凯达恒业农业科技发展公司	5亿元	建设全自动薯条加工厂，精品猪肉饲养加工等提升乌兰察布企业精深加工能力
	北京二商大红门集团	2.28亿元	
巴东	北京御食园食品股份有限公司	3亿元	带动了巴东农产品加工企业的生产、销售，并适时开发市场需求的新产品

（三）搭建科技服务平台，促进区域合作共赢

搭建科技信息共享服务平台，实现农业科技创新与推广应用的相互促进和有效对接，发展"飞地经济"，是提高受援地区农业科技服务能力的重要环节。北京发挥科技、人才、市场优势，为受援地区搭建信息服务平台，举办交流展会，促进区域合作共赢。

（1）搭建信息平台，整合科技服务资源

借助"京蒙对口帮扶合作平台"，京蒙两地构建了"在京研发销售、在内蒙古生产加工"的区域科技合作模式。签署了"科技合作框架协议"，建立了乌兰察布、赤峰两个技术转移工作站，开展常态化的技术转移和项目对接活动。平台向受援地区提供新品种、种养技术、绿色投入品、深加工和产品销售全程服务，形成了"科技成果入蒙、农畜产品进

京"的互动双赢合作机制。并以赤峰市农牧科学研究院为主体，打造了一个单个体量最大的市级层面的平台项目"品质赤峰"。通过平台搭建与品牌建设提升受援地区优质农产品的影响力。

（2）举办展会加强合作交流

北京还充分发挥首都的农业优势，为受援地区搭建展示、交易、交流、推广平台，实现"促交流"与"谋合作"并举。成功借助"青洽会""玉树国际虫草节"等平台，推动了同仁堂集团与玉树州政府在虫草收购加工方面签订合作协议；设立"拉萨净土健康产品展示厅"等活动，吸引首都知名企业到拉萨投资 100 多个项目，投资 300 多亿元；拉萨净土健康产业馆正式上线，月销售额 200 余万元；成立"品质赤峰推广中心"，促成永和大王、汉拿山、全聚德等 15 家北京市知名餐饮企业与"品质赤峰"平台企业达成产销合作等。

（四）实施智力援助工程，培养科技实用人才

北京立足加速受援地区农业科技进步，把开展智力援助作为重要援助内容。通过"请过来"和"走过去"两种方式，加强乡土科技人才培养，积极引导优势科技力量深入受援地区一线开展服务，不断拓展培养领域和途径，建立受援地区农业科技人才培养长效投入机制，协助受援地区形成一支总量足、素质高、结构合理、留得住、用得上的农村实用科技人才队伍。

（1）"请过来"举办技术培训班

如在北京开展农业专业技术人员知识更新培训、高中级专业技术人员和区县级科技管理人员培训班等，培训对象包括受援地区农业有关负责人、种养大户、农民专业合作组织负责人。通过培训，提高受援地区农民特别是新型农业经营主体的科技意识和科学素养及农业工作者管理水平。此外，还结合当地产业发展的需求，与地方政府共同举办产业技术培训班、信息化建设培训等。如结合实际需求在南水北调水源区开展多项对口协作农业培训类项目，包括特色禽畜养殖、特种核桃种植、休闲观光农业培训等。

（2）"走过去"开展技术培训

主要是联络农业科技专家深入受援地区开展技术指导和技术培训。如邀请北京市农业相关部门专家教授到巴东、南阳、十堰的田间地头，开展

"1对1"的指导服务，为农民进行技术上的现场观摩指导，培训更具针对性，农民也易于接受。

（3）建立受援地区农业科技人才培养长效投入机制

北京高度重视智力援助工作，把受援地区专业技术人才培养纳入各地区援助项目中。每年在援助资金中安排专项经费，实施"智力援助"工程，如在玉树投资300万元用于农牧民素质提升工程；在拉萨每年安排400万元专项培训经费，包含专业技术人才培训、干部培训、教育培训等，并通过挂职锻炼、互派交流等形式，形成了人才双向流动机制，在一定程度上缓解了高层次人才紧缺矛盾，为受援地区注入了新鲜血液，促进了受援地区与支援地区的交流与互通。

（五）加强生态保护和修复，推进生态同步建设

生态环境保护是北京与受援地区面临的共同问题，北京对受援地区加强生态保护与修复工作，共同推进生态环境治理，重点支持了十堰市郧阳区环库区生态隔离带建设、犟河、泗河、茅塔河河道内源治理及生态修复、马家河生态治理示范、武当山特区生态隔离带等一批环保项目建成，对改善水源质量，建设生态文明城市发挥了积极作用；与内蒙古共同推进沙漠化治理、水土流失治理，实施了退耕还林（还草）、流域污染防治和监测等生态修复工程，建设生态安全屏障，促进经济发展与生态环境建设同步。

三、对口援助工作主要经验

北京坚持"以政府为主导，龙头企业带动，社会力量多方参与"的对口支援工作机制，从项目立项、调动社会参与积极性、企业合作模式等方面形成了多项有指导性的经验。

（一）加强双向选择，因地制宜立项目

北京优化了支援项目管理结构，采取"受援方需求导向，支援方实地对接"的方式，避免了项目设置单向化，而造成支援双方沟通不畅，影响支援效果的问题。加强双向选择，促进各方共同参与的对口支援项目立项机制建立。项目立项由受援方农业生产者根据自身的生产条件、生产意愿进行选择，地方政府则遵循地方特色、农业生产条件和农业生产着意

愿，进行引导，推进地方特色产业的建设，根据实际需要"自下而上"提出项目，再由支援方派专家实地考察、论证项目可行性，实现支援项目精准对接。在项目谋划、管理、引进、创新等方面与受援方交流和探讨，在援助中寻求合作契机，在合作中实现优势互补（图4-1）。

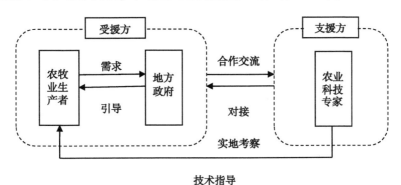

图4-1 多方参与的对口支援立项机制

如针对巴东山地布衣生态农业有限公司提出的油鸡养殖项目，北京油鸡研究中心即开展了实地考察，认为该公司符合北京油鸡养殖条件，确定由北京提供种鸡，在当地开展油鸡养殖基地示范；南阳是核桃之乡，北京根据南阳核桃种植户的需求，邀请北京市农林科学院的专家赴当地考察，确定了在当地发展文玩核桃特色种殖基地项目，并由农科院专家精准对接，开展技术指导，带动农民增收。建立各方共同参与的立项机制，有利于农业生产的多样性，地域匹配性，特色鲜明性。

（二）设立专项引导基金，调动社会力量参与积极性

北京在对口援助实施过程中，坚持"社会力量共同参与"的原则，通过建立专项引导基金，调动社会力量参与积极性，并通过政府引导服务，搭建技术、人才合作平台，促进生产要素在区域间的自由流动和合理配置，发挥市场在对口支援工作中的决定性作用。

如2015年，在玉树安排1 000万元的产业发展引导专项资金，引导社会力量广泛参与玉树经济社会发展；在南水北调对口协作的十堰、南阳分别成立对口协作产业投资引导基金，每年各安排资金2 000万元，并设立了专项资金账号，对十堰、南阳对口协作产业引导基金进行运作。通过专

项基金设立，发挥援助资金的"撬动"作用，引导高校、科研院所、科技型企业等多元主体参与对口援助工作。

（三）龙头企业带动，发展农牧业产业化经营

北京在对受援地区产业援助过程中，不仅仅是将产品或项目推介出去，还与受援方开展深入的经济技术合作，增强受援方产业结构调整的力度和步伐。注重培育企业等市场主体的作用，通过政府牵头，与受援地区实际需求结合，开展北京企业与受援地区的"1对1"对接工作。从农业科技、经营管理、市场销售等方面提供全产业链式的科技援助，发展"种养+产供销+农工商"一体化经营模式，嫁接受援地区农业产业链条，推进农业产业化经营。构建"龙头企业+合作社+基地+农户"的产业化援助模式，形成"高端研发、品牌服务和营销管理在京，生产加工在外"的发展格局。

在推进受援地区产业化经营过程中首先保护农户的参与率和收益。充分发挥龙头企业统一计划、供种、技术、收购、加工、销售、质量、品牌等方面的引领作用，组建合作社或分户生产管理，加快培养一批懂技术、会经营的职业农民队伍，提高受援地区的农牧业组织化程度，实现由一家一户"各自为战"的小生产到"抱团"对接大市场的转变（图4-2）。

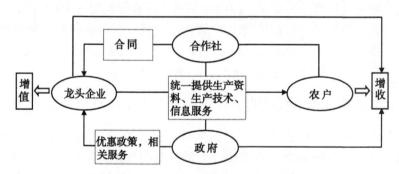

图4-2　龙头企业带动产业化经营模式

具体的运作方式如下。

（1）鼓励龙头企业到受援地区成立分公司

直接引进龙头企业的管理模式，对种、养、加实行全一体化经营，有针对性吸收受援地区农牧民以技术、资金、土地等要素在任何一个环节灵

活加入参与分成。

如引进北农大集团，在赤峰敖汉旗设立分公司，并投资 5 000 万元建设"节粮蛋鸡内蒙古蛋鸡产业园"，为当地养殖场提供从鸡苗、饲料、单品、金融到化验室检测的全产业链支撑，截至 2015 年年底，累计推广节粮蛋鸡约 281 万羽，通过为养殖户免费开展饲养技术培训，并派驻技术老师定期到鸡场进行技术指导，直接带动当地 280 多户养殖户均增收 75 000 元。

（2）鼓励龙头企业直接与受援地区有一定规模的合作社、养殖场合作

通过发展订单种养、保护价收购，带动当地农户生产技术提高，促进农产品销售。

如引进天安农业，与乌兰察布察右中旗和察右后旗的多家土豆和胡萝卜种植合作社签署合作协议，将这些合作社变成天安农业在内蒙古的生产基地，并在这些基地推广应用蔬菜生产管理系统、质量安全追溯管理系统、储藏保鲜技术和冷链流通技术。收获的产品在天安农业进行加工包装，销售到北京的各大商超；首农集团与锡林郭勒盟规模化牧场合作，共同打造"首食·布谷食安"品牌羊肉，并在公司开设的大型超市内设立专柜，形成从牧场到销售渠道的封闭供应链。为当地的安全、优质羊肉进京提供了稳定销售平台；新发地批发市场将乌兰察布察右后旗、中旗确定为土豆专供基地，与当地农民专业合作社签订了长期采购合同等；北京伟嘉集团与赤峰萨力巴乡吉盛昌家庭牧场、敖汉旗惠隆杂粮种植农民专业合作社合作，开展"京蒙蛋鸡产业链精准扶贫"，通过建设规模化蛋鸡场、开展禽蛋深加工、引进养禽设备企业、农业院校、饲料、疫苗和动保企业等，促进当地农业结构调整，保障蛋类食品安全。

（3）整合科技资源，扶持当地企业，嫁接产业链条

对于有发展潜力的当地农业企业，通过与北京龙头企业合作或整合科技资源，嫁接其产业链条等方式，扶持受援地区农业龙头企业，带动当地特色产业发展。

①"龙头企业+当地农业企业"。如在巴东引进北京御食园食品有限公司，与当地的土家人及野之源公司达成农产品深加工合作，并将两家公司旗下的杂粮饼、三峡饼系列产品，经统一标准生产、包装设计后，在该公司旗下的专柜、专卖店销售，带动当地就业 400 余人，当地两家企业年

创产值 4 000 万元。

②建立"当地企业+特色产业+电商平台"援助模式。充分发挥北京作为全国科技创新中心的资源优势，在对口支援工作中，应用"互联网+"手段，通过信息平台建设整合农业科技资源。如集成北京的科研院所、电商平台等农业创新资源，扶持内蒙古丰业生态发展有限责任公司发展蛋鸡产业，实施"京蒙合作乌兰察布蛋鸡养殖科技扶贫"项目，引进"农大三号"节粮型蛋鸡和北京油鸡良种共 2 万只，聘请专家教授亲临现场进行指导培训，所产鸡蛋通过"蛋 e 网"、京东商城等电商平台销往北京及全国市场，直接示范带动 140 户贫困户各养殖蛋鸡 200 只，户均收入达 8 000 元；在翁牛特旗灯笼河子牧场组织实施"草原有我一只羊"电商精准扶贫项目，示范带动 240 户农户增收脱贫。

四、对口援助工作存在的主要问题

（一）援助项目仍以"输血"为主，科技类项目占比较少

从目前北京对各受援地区的项目安排上看，多集中于民生方面，农牧业援助资金占比较少，且大都投向基础设施建设或水土保持方面，项目仍以"输血"为主，通过科技、产业带动农牧业发展的项目仍较少，未能很好的解决怎样做大产业规模、做长产业链条，提高产品附加值，把受援地区的资源优势变为产业优势从而形成地方自我发展能力的问题。

（二）援助资金管理尚不规范，运作机制有待完善

对口支援资金管理基本原则是"专户管理、转账核算、封闭运行"，但实际运作中却往往表现出"部门分割、多头下达"的特征，不便于资金运作统一拨付、监管和审计。同时基层主管部门缺乏对资金使用、项目落地、推动实施等过程的统筹能力与权限，往往被动接受上级指令与部门安排，缺乏项目实施与资金使用的主动性、能动性和应变性，以至于许多项目难以切实落地，有效实施，不利于援助资金最终目标的实现。

（三）科技援助路径较为单一，缺乏专项规划

目前对口援助工作仍是政府主导行为，缺乏人才激励及长效的合作机制，援助的经济效益方面缺乏对比性和灵活性，援助方式仍以资金补助和

项目带动为主，且虽制定了对口支援工作相关规划，但农牧业方面的项目还是被纳入了受援地区经济发展规划的大盘子里考虑，缺少对受援地区农牧业发展的专项规划及专项资金，尤其是科技援助方面没有专门的规划方案。导致目前农牧业项目还是比较散乱，缺少统筹。未来对口支援工作需要逐步转向合作，从政府主导转变为政府调控、市场运作、产学研结合，形成多领域、多层次、多渠道、多形式的科技援助工作局面，切实增强受援地区"造血"能力。

第五章 首都农业科技对口援助的形势及战略分析

一、内部优势

（一）北京具有突出的科技和人才优势

作为全国的科技创新中心，北京市在科技和人才方面具有突出的优势。在科技资源方面，北京是我国智力资源最丰富的城市和全国科技力量最集中的地区。据统计，截至 2014 年 6 月，北京地区科技资源总量占全国的 1/3，拥有中央和地方各类科研院所 400 余所，其中，中央级科研院所占全国的 74.5%；拥有普通高等院校 91 所，其中，中央在京高校 38 所，市属高校 43 所；拥有国家重点实验室 111 家，占全国的 30.9%；国家工程实验室 50 家，占全国的 36.0%；国家工程技术研究中心 66 家，占全国的 19.1%；国家工程研究中心 41 家，占全国的 31.3%；经北京市认定的省部级重点实验室 330 个、工程实验室 74 个、工程（技术）研究中心 275 家、企业技术中心 464 家，企业研发机构 348 家。

在人才资源方面，《2014 年中国人才集聚报告》显示，在全国 31 个省市区中，北京的人才综合集聚度排名第一位。据统计，截至 2014 年 6 月，北京市拥有中国科学院院士 389 人，占全国的 52.4%；中国工程院院士 352 人，占全国的 43.9%；累计 1 103 人入选中央"千人计划"，"海聚工程"共引进人才 612 名，评选出"领军人才" 118 名，培养了 1 930 名"科技新星"。另外，北京市留学回国人才达 10 万人，占全国的四分之一。

涉农研究机构和人才积极开展科研攻关和科技创新，研发并转化了一大批农业科技成果：创制了世界首个水稻全基因组芯片，主导完成了世界首张西瓜基因组序列图谱，建成世界最大的玉米标准 DNA 指纹库。"京葫 36 号"西葫芦新品种打破了国外的长期垄断；培育出京红、京粉系列蛋种鸡品种，种鸡规模亚洲第一；冷水鱼种苗国内市场占有率达到 40%~

50%；"京科968"已经成为农业部主推玉米品种，"京科糯2000"成为我国第一大主栽糯玉米品种，种植面积约占全国一半；杂交小麦新品种出口到巴基斯坦并大面积种植，增产幅度达到30%～50%。支持农业部（北京）蔬菜种子质量监督检验测试中心和中国农业大学牧草种子实验室通过国际种子检测协会（ISTA）认证，成为具有国际种子检验资质的实验室；建立了全国第一个超高压果品加工技术、装备示范基地。据不完全统计，"十二五"期间，北京市共有37个农业科研项目获得国家级科学技术奖，113项农业科研成果获得中华农业科技奖，23项农业技术推广成果获得全国农牧渔业丰收奖。

（二）受援地区具有特色产业优势

各对口支援地区从自身资源禀赋出发，培育了一批具有较强竞争力的特色优势产业。同时围绕各自的优势特色产业，找到了准确的定位，制订了明确的农业发展方向。

例如，玉树发展高原特色种养殖业，以生态有机畜牧业保护发展为主题，打造玉树"绿色、有机、保健、无污染"的品牌优势；拉萨以高原有机农牧业生产为基础，整合多种独特资源，大力发展净土健康产业；乌兰察布和赤峰，借助优越的地理优势及产业优势，打造面向京津的绿色农畜产品生产加工输出基地、承接首都产业转移示范基地；巴东凭借土壤富硒自然资源，紧紧抓住西部大开发、三峡移民、对口支援和扶贫开发政策机遇，以建立富硒农产品基地为基础，大力发展富硒产业。以富硒茶叶、柑橘、蔬菜、魔芋、药材、畜禽产品为主的富硒产业集群已经形成；十堰依托得天独厚的生态环境和优良水质，以生态农业建设为抓手，突出茶叶、林果、草牧业、中药材、蔬菜、水产（饮）品六大重点特色产业发展；做为"中州粮仓"的南阳，则将实施高标准粮田建设工程，突出西峡香菇、西峡猕猴桃、新野牛肉、内乡猪肉等品牌优势。详见表5-1

表5-1　对口支援地区特色产业一览

受援地区	特色产业
拉萨	净土健康产业，包括天然饮用水、奶业、藏香猪（生猪）养殖、藏香鸡养殖、食用菌种植、藏药材种植、经济林木与特色花卉、高原特色设施园艺和斑头雁养殖

（续表）

受援地区	特色产业
玉树	高原特色种养殖业，芫根、蔬菜、马铃薯、中藏药材、牦牛藏羊
赤峰	杂粮杂豆、中药材、笤帚苗
乌兰察布	马铃薯、冷凉蔬菜、生猪、肉牛肉羊、杂粮杂豆和奶牛
十堰	生态农业，包括有机茶、有机食用菌、有机山野菜、有机葡萄酒、有机鱼等
巴东	富硒产业，包括富硒茶叶、柑橘、蔬菜、魔芋、药材、畜禽产品
南阳	中州粮仓，蔬菜、食用菌、花卉苗木、核桃、猕猴桃、茶叶

（三）受援地区种质资源丰富

受援地区独特的生态区位和生态环境，孕育了丰富的"生物宝库"。如拉萨、玉树是珍贵的种质资源和高原基因库，是世界上高海拔地区生物多样性最集中的地区，拥有高原牦牛、藏羊、藏香鸡等特色高原品种；十堰山区特色经济作物种类繁多，品种齐全，现已查明的生物资源达 3 100 多种，其中中药材资源共有 2 518 种，素有"天然药库"之称，十堰也是马头羊的原产地，郧巴黄牛、郧阳乌鸡等特色生物资源也享有盛名；南阳拥有南阳黄牛、南阳黑猪和淅川乌骨鸡等珍贵的优质畜禽遗传资源；乌兰察布建设了已有 277 个品种的马铃薯种质资源库；赤峰谷子等旱作谷种急需扶壮、序繁等，利用受援地区丰富而独特的生物种质资源，开发一个小品种，就能形成一个大产业。

（四）建立了较为完善的对口援助工作机制

如前所述，北京市整合全市对口支援和区域合作领导机构，成立了对口支援和经济合作工作领导小组，主要负责贯彻落实中央、国务院有关对口支援工作的方针政策和经济合作的战略规划，研究提出本市对口支援和经济合作的战略规划、工作计划、政策措施，统一领导、组织协调本市对口支援和经济合作工作，研究解决对口支援和经济合作中的重大问题。领导小组下设办公室和新疆和田指挥部、西藏拉萨指挥部、青海玉树指挥部等前方指挥机构，办公室下又设立了京蒙区域合作工作协调小组、北京市对口支援三峡库区巴东县工作协调小组、北京市南水北调对口协作工作协调小组，配备了精干的干部人才队伍，建立了包括资金安排、支援任务、前后方协调、政府和社会资源统筹的工作机制，提升了贯彻落实国家区域协调发展战略的能力和水平（图5-1）。

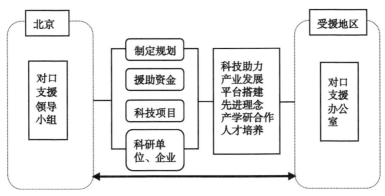

结对帮扶，人才双向流动

图5-1　北京对口援助工作机制

自设立以来，对口支援和经济合作工作领导小组及其下设机构坚持首善标准，以对口支援规划和协议为先导，以资金支持为保障，以项目援建为抓手，以智力支援为重要特色，围绕不同地区的实际需求开展了内容丰富的对口援助工作。通过提供援助资金、实施援助项目、派遣优秀干部和各种专业人才、培训当地干部与技术人员等方式，全面改善了受援地区的基础设施条件，提升了社会民生水平、强化了自我发展能力和造血机能，探索了具有首都特点的科学支援模式，为受援地区跨域式发展奠定了重要基础，全面援助的格局正在形成。

二、内部劣势

（一）受援地区农业发展基础薄弱

受多方面因素影响，对口支援地区农业发展还存在一些问题，其中比较普遍的是农业发展基础薄弱，主要表现在如下几个方面。

（1）配套设施和服务体系不健全

例如，在拉萨，农业科技服务体系仍不健全，动防冷链体系、检验检测体系、防抗灾体系、农牧信息平台等有待于进一步完善；耕地基础配套不完善，灌溉设施辐射面不广，耕地质量水平需进一步提升，高产农田占比低，只有30%左右；草原保护、草原灌溉、草原围栏、牲畜暖棚建设滞后。

（2）"靠天吃饭"的传统生产经营模式没有得到根本性的改变

例如，在玉树，牲畜受牧草生长季节的影响，常常处于"夏壮、秋肥、冬瘦、春死亡"的恶性循环当中，畜种比例失调，畜群结构不合理，个体生产性能下降；在乌兰察布，农田、草牧场基础建设滞后，物质装备和规模经营水平较低，靠天吃饭、粗放经营的局面仍然没有改变。

（3）资金投入不足

例如，在赤峰，农牧业产业发展资金短缺，项目资金整合困难，高效节水农牧业建设、良种繁育、品牌宣传等重点工作资金投入不足，在一定程度上影响了农牧业产业发展，特别是粮、肉、菜、乳、草等主导产业的提档升级。

（4）生产组织化程度不高

在玉树，农牧业合作经济组织建设尚处于起步阶段，不少农村经济合作组织存在资金不足、信息不灵、机构不健全、制度不完善、管理不规范、运作不正常等实际问题，未能有效建立起农牧民和大市场的对接平台，企业与农户没有形成紧密的利益联接机制。

（5）产业比较效益低

在玉树，一方面，农牧业生产成本快速攀升，农畜产品价格弱势运行，导致农牧业比较效益持续走低；另一方面，主要农畜产品价格已高于进口价格，农牧业补贴已经接近世贸组织规定的上限。成本"地板"与价格"天花板"给农牧业持续发展带来双重挤压。

（二）受援地区产业发展受限制多

对口支援地区多集中在民族地区、生态脆弱地区和水源保护地区，受到社会、生态、政策等方面限制较多，产业发展空间非常有限。在社会因素方面，以拉萨为例，全市总人口约56万人，有藏、汉、回等31个民族，其中藏族人口占87%。据了解，拉萨农牧民传统思想仍旧存在，"等靠要"思想较为严重，持续增收能力较弱，导致农业技术推广难度较大，提高农牧业产业化水平任务艰巨。

在生态因素方面，以玉树为例，该州全境处在三江源、可可西里和隆宝湖三个国家级自然保护区内，面临着艰巨的环境保护和生态建设任务。三江源自然保护区建立以来，相继实施了退耕还林、休牧育草和限制中草药采挖等一系列生态保护工程和措施，地方财政大幅减收。而且，实行草场休牧后，牧民收入水平出现下降，尽管政府给予了一定补助，但解决退耕退牧农户长远生计的长效机制尚未根本建立。此外，玉树属于典型的生态脆弱区和敏感区，位置偏远、交通不便，再加上高海拔和恶劣气候条件，产业发展的成本高，远离主要消费市场，当地的市场容量和消费水平较低，特色优势产业的发展难以做大做强，资源优势难以转化为产业优势。

在政策因素方面，以十堰市为例，由于地处南水北调水源地，为保持水质，该市关停了全市 63 家黄姜加工企业，一次性淘汰 19 亿元"污染的GDP"，取缔了 130 家污染严重的小电镀、小纸厂等"十五小"企业，关闭了 59 家木材采伐企业、77 家木材加工企业和 8 个木材交易市场，迁建了 121 家企业。中线工程大坝加高 176 米蓄水后，即将淹没已进入投产期的特色产业基地 25 万多亩，将使库区农民直接减少收入 10 亿多元。同时，由于所辖"四县一市一区"被列入限制发展区，十堰市今后经济发展付出的机会成本将是巨大而长期的。详见表 5-2。

表 5-2 对口援助地区农业发展制约因素

地区	社会因素	生态因素	政策因素
拉萨	藏族人口占 87%	生态环境脆弱	
玉树	藏族人口占 98.3%	属于典型的生态脆弱区和敏感区	处在三江源、可可西里和隆宝湖三个国家级自然保护区内
赤峰	蒙古族人口占 20.3%	农业面源污染较为严重	
乌兰察布		生态环境脆弱	
十堰			地处南水北调水源地
巴东	少数民族占 50.5%		地处三峡库区
南阳			地处南水北调水源地

（三）受援地区基层农技人员和农民素质普遍不高

作为农业科技推广体系主体和客体的农技人员和农民，其素质高低对农业科技推广工作成效有着至关重要的影响。在玉树，由于农牧技术推广和服务长期缺乏经费，使得农牧业技术服务体系功能弱化，科技服务队伍不稳定，技术服务和推广人员严重不足，全州技术服务体系中畜牧专业技术人员仅占15%，严重制约了农业科技服务体系的效用发挥。此外，玉树地区农牧民的素质较低，接受科学技术和新生事物的能力差，科技技能培训难、成本高，使得一些优良特色品种和特色种植养殖技术长期不能得到广泛应用。

南阳也面临同样的问题。从劳动力素质看，南阳平均每百名农村劳动力中，高中及以上文化程度仅14.4人，初中、小学程度82.26人，文盲半文盲3.34人；绝大部分农村青壮年劳动力外出务工谋生，农村劳动力老弱化、兼业化、低质化、妇女化趋势加剧。从农业科技服务人员素质来看，全市万名农民中农技人员4.7人，比河南全省少1.1人；全市农村实用人才占农村人口的比重为2.8%，比全省低0.5个百分点。

三、外部机遇

（一）中央实施精准扶贫战略

十八大以来，中央逐步形成了精准扶贫战略这一科学的理论体系，习总书记在讲话中进一步提出了"扶持对象精准、项目安排精准、资金使用精准、措施到户精准、因村派人（第一书记）精准、脱贫成效精准"六个精准的要求。精准扶贫战略是基于我国基本国情、现阶段贫困问题、社会经济发展特点和中国特色扶贫体系的特征提出的，其核心要义是集中我们的注意力和各种资源，正视贫困问题，聚焦贫困地区和贫困对象，改善和提高扶贫工作的效益和质量，从而顺利实现到2020年全面建成小康社会的目标。

从宏观层面上看，精准扶贫战略的核心是相关各方的思想认识、工作重心和注意力要"精准"，聚焦扶贫工作和贫困人口。在具体实施过程中，习总书记又提出两个"重中之重"，指出"三农"工作是重中之重，革命老区、民族地区、边疆地区、贫困地区在"三农"工作中要把扶贫开发作为重中之重，这样才有重点。从上述两个"重中之重"可以看出，围绕农业和农村发展开展对口援助工作，是贯彻落实精准扶贫战略题中应有之意。

（二）北京正推进非首都核心功能疏解

习近平总书记考察北京工作时强调，要推进首都功能定位调整，坚持和强化首都全国政治中心、文化中心、国际交往中心、科技创新中心的核心功能。这为新时期北京建设和发展指明了方向，同时也为北京发挥辐射带动作用创造了难得的机遇。要加快全国科技创新中心建设，北京市必须坚持首善标准，担当起科技创新引领者、高端经济增长极、创新创业首选地、文化创新先行区和生态建设示范城五种责任，发挥好服务和示范、支撑和引领、集聚和融合以及辐射和带动四类功能。农业是国民经济的基础和社会稳定的基石，在首都功能定位调整过程中发挥着不可替代的作用。在科技创新中心建设过程中，北京农业需要立足首都科技资源优势，通过完善体制机制来进一步整合聚集资源，提高创新能力，加快成果转化，依靠创新驱动抢占农业发展制高点，为包括对口支援地区在内的全国各地现代农业发展提供强有力的示范引领。

推动首都功能定位调整，北京市要优化产业布局，加快产业疏解，构建"高精尖"经济结构。对此，习近平总书记提出，要突出高端化、服务化、集聚化、融合化、低碳化。新形势下，首都农业面临土地、水等资源日益严峻的瓶颈制约，同样存在结构调整和产业升级的迫切需求。要突破资源制约，实现都市型现代农业的可持续发展，必须走"高端化、服务化、集聚化、融合化、低碳化"之路，发展"创新引领、技术密集、价值高端"的高端农业。在构建"高精尖"经济结构过程中，北京市会进一步强化生物育种、生物制造、物联网、大数据、新材料、低碳循环等关键技术的自主创新力度，并将成果转化推广至包括对口支援地区在内的全国各地，同时，也将一部分不符合首都功能定位的产业转移疏解到这些地区。

（三）受援地区有发展现代农业的迫切需要

《北京市"十二五"时期对口支援和区域合作规划》提出，坚持把推动受援地区产业发展放在对口支援的重要位置。如表5-3所示，在绝大部分对口支援地区，农业依然是基础性产业，在国民经济中占有较大比重，因此，在对口支援过程中，应将农业放到重要位置。同时，进入"十三五"时期以后，农业发展面临新的形势，对口支援地区从长远规划，积极推进结构调整和发展方式转变。这为更有针对性地开展对口支援工作奠定了基础。

表5-3   2015年对口援助地区第一产业占比一览

受援地区	第一产业增加值 （亿元）	地区GDP （亿元）	比重 （%）
拉萨	13.80	376.73	3.66
玉树	25.72	60.55	42.48
赤峰	276.96	1 861.27	14.88
乌兰察布	132.39	913.77	14.49
十堰	157.48	1 300.12	12.11
巴东	17.30	88.85	19.47
南阳	404.19	2 522.32	16.02
全国	60 863	676 708	8.99

例如，"十三五"期间，十堰市将立足农业生态特色产业发展，大力实施"61"产业强农计划，突出茶叶、林果、草牧业、中药材、蔬菜、水产（饮）品六大重点特色产业发展，力争到"十三五"末，全市特色产业基地面积达到600万亩，六大重点特色产业综合产值均达到100亿元以上，农产品加工产值达到1 000亿元以上，与农业总产值之比达到2∶1以上。乌兰察布市将发挥好独特的气候、区位、交通、市场优势，以优势特色为突破口，调整优化农牧业结构，突出抓好马铃薯、冷凉及设施蔬菜、生猪、以燕麦为主的杂粮杂豆四大优势特色产业，巩固提高肉羊肉牛、奶牛、饲草料、肉鸡等传统产业。

玉树州将加快畜牧业发展方式转变，推动产业做大做强。一是尽快改变以天然放牧为主的饲养方式，扎实推进以草定畜工作，努力实现生态保护与畜牧业生产良性循环。二是引导群众增加母畜，加快周转，实现季节性生产，减轻牲畜对草场的压力。三是大力调整种养结构，重点扩大优质饲草料特别是人工饲草基地的种植面积，突出发挥好草畜互补的优势，实行以种促养，大力发展半舍饲养殖，努力扩大育肥规模。四是积极引导畜牧业由生产导向向消费导向转变，大力发展草地生态畜牧业和有机畜牧业，形成生态（有机）畜牧业生产技术体系。

四、外部挑战

(一) 稳定的支持与变化的需求之间难以同步

对口支援是一项长期的系统性工程，需要稳定的、持续性的投入才能保证达到最终目标。然而，在工作开展过程中，随着受援地区经济社会快速发展，其受援需求也逐步发生变化，需求重点正在从民生向产业、从基础建设向科技支撑转变。这无疑为未来的对口支援工作构成严峻挑战。例如，拉萨地区提出，目前援助项目重"输血"轻"造血"，自我发展能力仍较弱。从援藏资金分配表上看，"十二五"期间农牧区基础设施建设资金占援藏资金的 15.2%，产业扶持、生态建设、人才培训资金分别占比2.4%、0.8%、1.6%，农牧业援助资金占比较少，且大都投向基础设施项目，项目仍以"输血"为主，通过科技、产业带动农牧业发展的项目仍较少。由于拉萨现代农牧业仍处于初级发展阶段，有限的支持未能很好地解决怎样做大产业规模，做长产业链条，提高产品附加值，把藏区的资源优势变为产业优势从而形成地方自我发展能力的问题。再如，南阳地区提出，目前对口支援项目中科技含量高的项目较少。南阳因作为南水北调水源地，关停了800多家企业，移民20多万人，尽管每年收到的农业对口援助项目比较多，但是，大多聚焦水土保持、环境保护、植树造林、水源污染治理等方面，农业科技含量高的项目比较少。

(二) 有限资金与多样化需求之间存在矛盾

对口支援地区的需求多样，可谓涉及生产、生活、生态等各个方面，然而，对口支援的资金却非常有限。在这种情况下，如何用有限的资金满足多样化的需求，是对口支援工作面临的另一重要挑战。未来要进一步发挥首都科技优势、市场优势，从重点领域合作要扩大到全面合作，从政府主导转变为政府调控、市场运作和企业参与相结合，形成多领域、多层次、多渠道、多形式的工作局面。

例如，玉树州提出，对口支援工作形式应更加丰富。现阶段，北京对玉树的对口支援方式仍以资金补助和项目带动为主，虽然近年来逐渐倾向于产业合作和智力支持，但大部分还是政府主导行为，缺乏市场手段，尤其玉树当地农牧企业的自身实力难以提高。未来要进一步发挥首都科技优势、市场优势，从重点领域合作要扩大到全面合作，从政府主导转变为政府调控、市场运作和企业参与相结合，形成多领域、多层次、多渠道、多形式的工作局面。

十堰市则要求对农口援助力度继续提高。一是对农业援助项目较少。北京市对十堰援助工作启动于2014年，前期项目援助多集中与民生方面，对农业项目援助较少，随着对口协作工作的深入开展，应逐渐增加库区农业援助项目比例。二是农业援助资金量也比较少，尤其是南北水调工程启动后，围绕保供水的任务，十堰需要在农业面源污染监测与防治、农业绿色防控等库区生态建设等方面投入大量资金，因而请求进一步增加农口援助力度。

（三）精准扶贫为项目管理提出更高要求

要真正做到精准扶贫，就要不断提高扶贫资金的使用效率，确保每一个项目、每一笔资金都能发挥最大效益，这无疑是对口支援项目管理提出了更高的要求。从目前的项目管理来看，主要还存在如下差距。

（1）农牧业援助缺乏科学规划

虽制定了对口支援的五年规划，但农牧业方面的项目还是被纳入到经济发展规划的整体中考虑，缺少对农牧业发展的专项规划及专项资金，尤其是科技援助方面没有专门的规划方案，导致目前农牧业项目还比较散乱，缺少统筹。

（2）农牧业项目资金使用较为分散

在"政府主导、部门帮扶、社会参与、对口支援"的大背景下，项目资金往往表现出"部门分割、多头下达、封闭运行"的特征，基层农牧业主管部门缺乏对资金使用、项目落地、推动实施等过程的统筹能力与权限，往往被动接受上级指令与部门安排，缺乏项目实施与资金使用的主动性、能动性和应变性，以至于许多项目难以切实落地，有效实施。此外，多头管理导致支援资金分配碎片化，专项资金使用约束过于严格，基层使用起来相当困难。

（3）对口援助资金管理较为僵化

当前，对口支援工作由各地发改委统一管理，导致项目资源主要投向基础设施类项目，在实际操作过程中，容易产生项目重复建设、不形成合力效应的问题。此外，对口支援资金包括财政转移和企业投资，其中，财政转移资金具有强制性，因为国家通过政策进行了明确规定，但是，这往往也会影响企业投资资金的利用，进而难以调动社会资本参与对口援助工作。

（4）项目形式较为单一

对口支援政策是中央通过行政手段形成的特殊的地方政府间相互支援关系，这种无偿、没有对等回报的援助政策，通常在实施过程中会出现"形式单一"的问题。也就是说，援助工作大都是援助方单方面给项目、出人才，缺乏激励约束及长效机制，援助效率和效果就会受到影响。

（四）农业经济发展方式转变需要突出绿色扶贫理念

转变农业经济发展方式已经成为今后农业发展的必然趋势和农村扶贫开发的重要战略部署。面对资源的刚性约束以及环境污染的恶性发展，只有通过转变农业发展方式，才能提高资源和资本的利用率、发挥农业的多功能性，实现农业的内涵型发展和可持续发展。而贫困地区与生态脆弱区高度重合，如何协调农业与生态的关系并调和扶贫与生态约束的矛盾是在人与环境的关系中解决贫困问题的关键。需要将绿色发展与扶贫开发相结合，走绿色扶贫道路。即以低污染、低消耗、高效率的发展方式作为减贫的动力机制，通过低碳农业、低碳产业和低碳服务业的发展带动减贫；以兼顾减贫成效和生态可持续作为基本原则，以既拥"绿水青山"又得"金山银山"为减贫目标，以"绿水青山"就是"金山银山"的减贫理念作为实现摆脱贫困的新思路。

五、发展战略

（一）战略分析

根据 SWOT 分析框架，不同的内部条件和外部环境，构成了不同的因素组合，进而需要制定不同的发展战略（见图 5-2）。

而依据相应的战略选择，可提出基本的应对策略。针对机会优势组合，需要充分利用精准扶贫战略实施和北京首都功能疏解的绝好机会，通过完善的对口支援工作机制，将首都的优势科技、人才资源推广辐射到受援地区，重点支持特色优势产业发展，增强其"造血"功能。针对机会劣势组合，也要充分利用精准扶贫战略实施和北京首都功能疏解的机会，

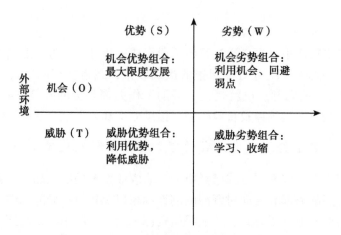

图 5-2　首都农业科技对口支援 SWOT 分析

建立健全生态补偿机制，强化科技人员和农民教育培训，推进农业基础设施建设，探索发展生态农业和循环农业，逐步消除农业发展的不利条件。针对挑战优势组合，要立足北京的科技、人才优势，强化科技援助和人才援助，实现援助方式和援助内容的多样化；同时，利用对口支援相对完善的工作机制，紧跟受援地区需求，并研究完善项目管理制度，持续提高对口援助资金的针对性和使用效率。针对挑战劣势组合，则重点围绕自身做出改变，寻求突破。详见表 5-4。

表 5-4　首都农业科技对口支援战略选择

组　合	战　略	对　策
机会优势组合	最大限度发展	(1) 将首都的优势科技、人才资源推广辐射到受援地区 (2) 重点支持特色优势产业发展
机会劣势组合	利用机会，回避劣势	(1) 建立健全生态补偿机制 (2) 强化科技人员和农民教育培训 (3) 推进农业基础设施建设 (4) 探索发展生态农业和循环农业
挑战优势组合	利用优势，弱化挑战	(1) 强化科技援助和人才援助 (2) 研究完善项目管理制度

（续表）

组　合	战　略	对　策
挑战劣势组合	学习、收缩	（1）重点围绕自身做出改变

（二）总体思路

以产业为中心，以市场为导向，以农户为基础，以龙头企业为关键，将科学技术和现实生产力紧密衔接，遵循科技产业扶贫开发内在的机理，牢固把握扶贫开发中科技、产业、增收、脱贫致富各个环节的逻辑联系和现实需求，以此探索创新出行之有效的科技援助模式。

新时期农业科技在受援地区的着力点一要造产业。要加强受援地区特色资源开发，加强新品种新技术引进，调整农业产业结构，促进一二三产业融合发展，打通从生产到市场的技术通道，避免盲目扩展产业规模，避免产业同质化发展。二要造人才。受援地区人才自给能力普遍不足，产业发展面临"无人"支撑的尴尬。科技扶贫工作的重要任务就是为贫困地区输入科技人员，并为贫困地区培养本土化科技人员，突出抓好种养大户、家庭农场主、农业专业合作社等骨干的培训，造就一批农村脱贫致富带头人。三要造服务。要探索构建科技扶贫服务体系，加强信息服务，线上、线下合力解决受援地区科技服务"最后一公里"问题；另外，返乡创业人员、创业大学生以及城市资本进村也需要政策、技术、资金、产业选择、市场营销等全方位服务。四要造机制。在脱贫攻坚战中，要充分发挥企业、社会团体等社会力量的作用，并营造好创新创业政策和科技人员激励政策，确保企业愿意去、能带动，确保科技人员下得去、留得住。

（三）路径选择

新时期，对口支援要走"政府主导、自上而下、多方参与充分发挥自身优势、合作共赢"的道路。即实行政府主导，统筹规划，资源整合，整村推进，连片开发的战略，引导社会各种积极力量的参与，并充分利用院校的科技成果和人才资源，结合受援地区的生态资源优势和农业产业化发展的需要，推动当地农业产业的发展。在政府和科研单位合作的过程中利用当地的自身资源条件和政策优势，科研单位的科技和人才优势积极推动引进实力企业，利用地方优势资源转化科技成果，发展地方产业，增加农民收入，促进地方经济繁荣。将科技、人才、资金与国家扶贫开发任务与各个地区扶贫开发重点的有机结合，使得科技能够有效地为贫困地区经济创造条件。

创建"企业+农户+高校+政府"四位一体的扶贫创新模式。过程包括：需求—确定特色产品—联系龙头企业—调动与组织当地资源的利用与改进—农业技术投入、生产、产品收购、产品包装与加工、销售及相关的服务。具体以市场为导向，确定要发展的特色农业，政府根据围绕把该特色农业做大做强的目标，凝聚财力、物力和科技人力，对多项产业进行扶持和投资，其次是重视招商引资，与许多地方性乃至全国性的龙头企业进行合作，通过领头、招商引资等方式，拉长了农业产业链条，促进农业产业化水平的不断提高，在此基础上促进科技援助和产业建设相结合。同时，联合科研机构对该产业进行研发，提供技术支撑，并向农户提供优良的种子、种畜、种苗等，指导农民解决疑难杂问，对科技成果进行实际性的推广，以便提高科学种田的水平与科技的贡献率。"企业+农户+科研单位+政府"的模式是把农户、企业、政府、高校四者有机地结合，大力发展当地具有特色的产品，把农村有限的技术力量用在特定的产品上，使科技深入农村经济，服务于农村经济，并由此形成产供销一条龙，贸工农一体化的经营组织，实现了多方参与互助合作共赢的目标，形成依靠科技支撑来提高农业生产能力的"造血式"扶贫模式。

第六章 受援地区农牧业 发展的科技需求

一、地方特色产业提质增效的技术需求

地方特色产业是受援地区农民增收的一个重要途径。目前，各地区围绕地区产业发展，在产中的种植管理环节已形成较为完善的技术规程，但农业生产的前端和后端是较为薄弱环节。针对以上情况，需要首都农业科技，重点围绕地方特色产业的产前品种改良、产后保鲜、贮藏及深加工等，开展科技支撑和服务，增强产业发展动力和促进产业提质增效。

（一）地方特色种质资源保护和利用

开展种质资源普查、搜集与保护，搜集、筛选、评价、保存、提纯复壮本土特色品种资源，筛选优质资源进行开发与推广应用；加强地方畜禽品种的选育和产业化开发，挖掘地方品种的历史文化价值；提升地方资源圃、保种场的基础设施，提升保种质量检测技术和技术人员能力。

（二）农业新品种、新技术引进与示范

地方特色产业新品种的引进、选育和推广；农业新品种、新技术引进与示范；优质、高效、绿色综合栽培技术、农产品安全生产技术和农业标准。良种选育技术、标准化育苗技术、现代化育苗技术、典型品种引种驯化技术等关键技术研究，培育筛选适合观光采摘、休闲体验等产业融合发展需求的优质特色品种。

（三）农产品保鲜贮藏及精深加工技术

部分受援地区为绿色优质的畜牧产品、蔬菜、果品生产基地，但当地的保鲜贮藏设备和技术匮乏，急需肉类、蔬菜、果品等农产品优质、高效、低耗、安全产后保鲜、贮藏技术。受援地区还有一些重要的农业资

源、地方特色农产品和农副产品，需要相关深加工技术支持，提升产品附加值。

（四）优质饲草料种植和加工技术

受援地区饲草需求量大，但部分地区，尤其是藏区农业灾害多发，饲草损耗多，增加了牧民群众负担。希望首都农业科技在饲草秸秆氨化技术、青贮技术等贮藏技术方面给予支持，大力扶持重点乡镇建设饲草料贮备站，建立健全饲草料贮备体系；另一方面在饲草料深加工技术方面给予支持，建立和完善饲草料加工企业。

二、资源环境及生态保护科技需求

受援地区多为传统农区、山区或水源保护区，生态环境脆弱，生态环保与产业发展的矛盾比较突出。在生态第一的前提下，首都农业科技应加大对受援地区生态保护与监测方面的支持，促进将地方资源环境优势转变为商品优势，提升产业效益。

（一）水环境保护技术

围绕生态保护，示范推广水产安全生态养殖技术和生养殖技术模式，改良水体环境和水质条件，减少各类药物使用；示范水质净化技术，净化与修复水体，维持水环境生态系统良性循环。

（二）农业生态环境治理与监测技术

支持受援地区开展农业生态环境治理与监测工作。一是围绕重点产业开展病虫害绿色防控技术示范，建立农业生态监测信息平台，协助推动符合国家标准关于农产品农兽药残留检测、重金属检测和土壤肥力检测要求的检测能力的检测中心建设，开展检测技术人员培训和实验室质量管理体系建设；二是围绕生态安全的小流域开放式生态循环农业示范。以农药化肥减量施用、养殖废弃物资源化利用和秸秆综合利用为主，推动"生态种植—生态养猪—种植和养殖废弃物处理—有机还田"为主线的循环农业技术示范，形成可推广的生态循环农业典型；三是养殖场现代生态农业沼渣沼液利用技术。针对养殖场内的沼液沼渣的循环利用，主要的技术需求包括沼肥的合理施用、沼液农田清洁高效施用技术等；四是食用菌多级循环利用技术。食用菌基质配比技术、食用菌栽培原料再次循环利用技术、菌渣堆肥发酵利用技术以及食用菌安全性检测技术等；五是农田土壤改良和修复技术。

（三）草原生态修复及保护技术

针对草场退化，在首都农业科技支持下，应用示范生态环境治理和植被恢复技术，荒地荒坡荒滩地生态植被快速建植技术，耐旱生态景观草和苔草等耐旱节水草坪地被植物种植技术。

三、地方科技创新能力提升的技术需求

当地涉农科研院所、公益性农业技术推广服务机构是推动本地农业科技创新和发展的核心力量，尤其是地方涉农科研院所，作为首都科研院所对接当地的一个重要桥梁和纽带，需要更加关注。在首都农业科技支持下，提升对接当地科研院所自主创新能力，是实现由"输血"向"造血"转化的一个重要途径。

（一）地方科研院所研发能力提升

支持地方科研院所完善重点实验室的科研条件平台；帮助建设条件完备、布局合理的农牧业中试基地、农业科技试验示范基地，通过地方与首都农业科研单位合作，针对产业及农业生态环境发展中存在的关键问题开展技术攻关与协同创新，共同开展先进技术的适应性改进与技术组装配套试验、示范和推广工作，实现农牧业科技成果就地转化。

（二）地方科技推广服务能力提升

需要在农业信息化、物联网平台、先进的农业生产设施设备、高效的检验检测设备等硬件建设方面，给予资金和技术上支持，帮助地方完善科技推广服务硬件环境条件。

（三）经营管理及专业人才培养

需要首都农业科技支持帮助地方企业、专业合作组织、行政管理部门等培养现代农业经营管理人才，提升组织、经营和管理能力；帮助科研院所、科技推广服务机构、基层部门等培养科研人员和农业专业人员，提升

其科研能力、科技推广和服务能力。

四、新型经营主体提升技术水平需求

对口援助地区农村劳动力的科技素质普遍不高，应用先进生产技术的意识弱，且农村地区空心化、劳动力老龄化问题日趋明显，"谁来种地养畜""能否种好地养好畜"的问题日益突出。需要首都农业科技支持，帮助地方培养和壮大新型农业经营主体，使其成为掌握、运用、示范和推广科技的重要力量。

（一）产业科技示范园区示范水平提升

农业科技产业示范园是农技推广工作的示范、展示、试验的重要阵地，也是提升企业科技研发、创新能力的重要手段，目前受援地区的现代农业科技园区建设水平仍较落后，需要北京以支持地方特色产业发展为目的，与受援地区共建现代农业科技示范园，提高示范区科技含量和示范带动能力，将受援地区构建成为承接北京产业转移的重要平台。

（二）产业化龙头企业发展带动能力提升

受技术、人才、资金方面的限制，受援地区农产品大多属于初级加工产品，当地农业企业急需深化农畜产品加工，提升精深加工水平，需要北京在产品加工技术、销售渠道、标准制定、品牌打造等方面给予支持。共同打造一批绿色农产品品牌，同时加强特色农畜产品市场准入及进京绿色通道建设，建立与受援地区的产销对接，从而提升当地产业化龙头企业的发展带动能力。

五、农业发展信息和咨询服务需求

受行政区划、地理交通等环境因素限制，首都与受援地区沟通还不是十分畅通。需要通过信息化手段、咨询服务手段，以搭建首都农业科技与受援地区沟通的便捷通道。

（一）农业信息技术和科技情报服务

对口援助地区大多位置偏远、交通不便，信息相对不充分，对农业发展造成不利影响。一是受援地区需要建设基于互联网门户网站、农产品销售平台、信息化管理平台等，提高管理工作效率；二是需要及时获得农产品市场、农业生产资料、病虫害防治、生产经营管理、支农惠农政策等方面的信息，帮助农业生产者及时把握市场机会，完善生产管理，提高经营效益；三是帮助农业管理部门，及时获取相关各方面的信息来科学决策，制定促进农业发展的政策措施。有必要以信息化为手段，强化对口援助地区的农业信息服务和科技情报服务。

（二）发展政策和规划咨询服务

受援地区农业发展理念、发展水平较落后于国内一些大城市，急需通过对口协作，让受援地区学习和掌握先进的农业发展理念。需要提供政策咨询、开展生态农业、有机农业、休闲旅游等产业发展规划、科技园区的规划咨询和技术指导。从顶层设计开始，加强地方与首都沟通、交流与学习，引领本地区产业发展。

第七章 完善首都农业科技对口
援助政策的建议

认真贯彻党的十九大及全国东西部扶贫开发工作会议精神，全面落实中央和北京市委、市政府关于对口支援西藏、新疆、内蒙古、南水北调水源地等一系列新指示、新要求，坚持高点定位、突出重点、统筹推进，以促进农牧民增收致富为根本目标，围绕打造品牌、培育亮点、再造优势，推动首都科技对口支援协作工作开创新局面、再上新台阶。

一、突出首都科技优势，促进资源有效对接

（一）明确思路，加强顶层设计

根据中央要求和援建规划，按照年度计划与对口支援总体规划相衔接、与受援地区实际需求相协调的原则，发挥首都科技和特色资源优势，重点围绕"抓地方特色主导产业、抓地方科研院所、抓高端人才培训交流"三个方面，推动"对口支援"向"有效合作"转变，培育地方产业自我发展的内生动力。充分尊重受援地区党委、政府的意见，加强与前方工作机构沟通协调，认真筛选好今年的援建项目。同时，完善首都与受援地区农业科技合作机制，在科技援助规划、农业科技资源配置、农业科技合作、政策制定和重大农业科技项目布局上统筹协调，做好"十三五"首都农业科技援藏、援疆、援青、援蒙及援助南水北调水源地农牧业发展规划、深化合作细则，提高援助工作效能，打造"以政府主导，企业为主体，社会组织共同参与"的对口援助工作新机制。

（二）探索多元化科技援助方式

继续发挥对口支援资金和项目"撬动"作用，以提升当地承接科技受众群体接受能力为目标，积极探索多元化的科技援助方式。针对受援地区优势特色产业开展技术创新和关键技术、关键工艺、关键设备的研究开

发和应用，加强与首都协同创新服务联盟的合作，开展联合攻关，在受援地区有条件的现代农业科技园区建立技术合作示范基地，开展新技术、新品种试验示范；探索科技人才培养、科技创新政策管理研讨、研究项目资助、科研用品、设备捐赠等援助形式；支持北京高新技术成果和专利技术优先向受援地区转化落地，促进北京科技资源与当地科技需求有效对接。

二、力推产业合作，实现互利双赢

加强在特色农业、资源开发、高新技术、商贸物流、文化旅游等领域产业合作，发挥首都在这些领域的优势，不断提高产业合作水平，实现互利双赢。围绕地方特色农业产业链条建设，重点打造"微笑曲线"两端。支持产业链前端的新品种、新技术、新装备和新理念的帮扶工作，支持产业链后端的产品加工和销售，增强受援地区农业经济的可持续发展能力。同时，丰富和满足首都居民对优质、安全、特色农产品的消费需求。

（一）提升农业创新及科技示范展示能力

设立专项科技合作计划，根据受援地区产业薄弱的现状，重点支持受援地区的农业高新科技示范园、科研中试和示范基地、技术研究中心、畜禽良种场等建设，提供包括技术咨询、技术培训、信息接入服务等不同形式的农业科技援助，提高园区承载产业转移和发展的能力，打造成带动地方产业发展的科研高地。

（二）推动首都农业企业向受援地区拓展业务

做好桥梁纽带和服务保障工作，协调有关北京市和部门及早进行经贸合作项目对接，组织有意向的企业深入受援地考察洽谈，受援地在工商注册、税收、高新技术企业认定等方面给予优惠，争取达成一批新的合作项目。实现"北京有政策，落地有条件"，协调引导北京市农业龙头企业到受援地区建立外部生产基地，吸引更多的企业到受援地区投资发展，促进首都产业转移。对于已签约项目，扎实做好跟踪服务工作，力争早落地、早投产、早见效，切实发挥重大产业项目的示范引领作用。

（三）建立受援地区产品进京绿色通道

本着节约、务实、高效的原则，组织受援地区企业参加各类重要经贸洽谈、"对口援助地区特色产品展销会"、北京"农业嘉年华"等系列活动，做好参会布展、项目签约、领导考察等各项工作。以开拓首都特色农畜产品市场作为切入点，建立受援地区产品进京绿色通道。对于帮扶地区利用首都农业科技、标准生产的特色农产品，建立农商、农超、农餐、农社专项对接模式，完善受援地区特色农畜产品北京市场准入和进京快速通道。

（四）搭建对口援助地区特色农产品电商平台

以援助资金为支撑，以销售对口支援地区特色农产品为重点，以对口援助地区特色优质产品生产基地建设为抓手，以"智农宝"等北京特色农产品销售平台为依托，积极搭建"北京对口援助地区特色农产品电商平台"。围绕生产加工基地建设、产品质量检验检测、展览展销市场建设、品牌宣传推广四个核心环节，对接北京市场需求，向对口援助地区提供新品种、种养技术、绿色投入品、深加工、产品销售的全程服务，并建立产品追溯体系、生产质量标准体系等，打造知名品牌。形成"科技成果入援助地区、特色优质产品进京"的合作机制，实现互利双赢。

（五）以龙头企业为重点扶持新型农业经营主体

针对受援地区地处少数民族地区，尊重民族习惯，以提升本土的产业新型经营主体能力为主，要分类进行援助。支持本地龙头企业发展连锁经营、电子商务等现代流通方式，扩大市场销路，提升农畜产品附加值，带动当地农牧民增收致富。引进特色农产品加工龙头企业，或者以联营的方式建立合作关系，发展肉食品精深加工，积极打造和树立优质农产品品牌，培育牦牛肉和藏羊肉加工龙头企业。

三、加强科技协同创新，发挥首都科技辐射带动作用

（一）加大重大科研项目合作

根据产业发展和科技需求，探索两地农科院创新协作，合作共建一批高水平的重点实验室、工程技术研究中心等研发平台；鼓励北京科研院所，在受援地区建立科研试验示范基地；推进受援地区企业与北京涉农科

研院所、高校跨区域共建研发机构，组建适合两地发展需要的产学研联合体，联合建设工程（重点）实验室、工程（技术）研究中心、农业环境科学试验站、院士工作站、博士后科研工作站等创新平台，共同承担建设国家级研发平台。共同申报实施国家科技重大专项、国家重点研究计划等国家项目，形成一批具有国内外领先水平的科技成果。

（二）深度开展联合攻关

针对地方特色种质资源的收集整理、保护保存、鉴定评价，加强联合选育研究，建立特色种质资源共享平台；加快新技术、新成果、新产品的示范应用，在现代农业建设、特色资源开发、生态环境保护、农业休闲旅游等领域，共同实施一批重大科技示范工程；针对受援地区特色产业发展的关键技术，联合开展技术攻关。例如，对于十堰市茶叶、蔬菜、核桃、食用菌、中药材等产业及农业面源污染中存在的关键问题，可以开展技术攻关与协同创新。

（三）探索科技特派员合作交流机制

将两地的科技人员互派列入对口援助挂职队伍中。探索科技特派员异地创业式扶贫，鼓励高校、科研院所的青年科技人才到对口支援地区开展创新创业工作；鼓励北京市农业科研院所和受援地区农科院结成对子，互派农业技术方面的相关专家定期相互学习和进行技术交流。

四、推进干部人才交流，全面提升科技素质

继续完善北京与受援地区的干部、高端人才、农牧业专业技术人才等交流培训机制，逐步形成多层次、宽领域的人才交流培训体系。

（一）继续推进挂职干部双向交流

根据受援地的需求，有计划地安排北京和受援地区之间的干部双向挂职交流。继续加强农牧系统干部交流，从北京市农委、农业局、北京市涉农高校、科研院所选派懂经营、善管理的行政领导和专业技术人员，在地方农牧业管理系统挂职交流，指导、协调对口帮扶双方的相关工作。继续选派优秀科研人员、教师、医生、农技师等专业技术人员到受援地区传授技术、提供咨询、帮助工作，帮助当地群众增强就业能力和生产增收能

力。有计划地组织受援地区干部来首都政府部门、科研机构挂职锻炼、安排一定数量的专业技术人员进京学习；改进对口支援挂职干部考核和管理办法，形成干部人才"进得来、用得上、留得住"的政策环境。

（二）推动高端人才交流合作

依托北京与受援地区开展的各类人才培训工程，通过援助计划、特陪计划、产学研项目合作等人才交流与合作形式，加快建立两地人才工程建设的联动互促；在受援地区设立人才工作站，开展高层次人才交流合作。

（三）完善多层次、多领域的人才培养机制

在总结经验的基础上，通过"请过来""走过去"，采取集中办班、现场指导等方式，全面落实县、乡、村三级农牧业、旅游、教育等专业人才培训计划，为当地培养一批专业素质高、能带动广大群众脱贫致富的基层专业技术人才队伍。依托当地职业培训机构，对当地困难群众开展职业技能培训，培养一批致富带头型人才，发挥他们的示范带动效应。与时俱进，适当调整每年农业培训项目内容，与每年的援助现代农业科技项目相结合，增加培训内容的针对性和实效性。

五、完善项目管理机制，加大援助成效宣传

（一）加强对口援助资金管理

"十二五"期间，根据各受援地区社会经济发展实际情况，北京市对口支援项目主要向民生倾斜，重点针对基础设施、公共服务设施建设，而对地方特色产业开发项目的论证和投资相对较少。建议进一步加强对口援助资金管理，可考虑在对口支援资金中设立农牧业专项资金，保证专款专用；加大向贫困地区涉农涉牧项目的投入力度，设立资金增长幅度。按照经济社会发展的速度，适当增加每年援助水源地的资金规模。

（二）加强对口援助项目实施管理

完善与受援地的联席会议制度和双方权责共担、联合推动的项目管理机制。一是提高项目征集过程中的"透明度"。建立"自上而下"与"自下而上"相结合项目征集工作机制，提高项目筛选过程"透明度"，设立

对口援助项目库，避免项目重复建设和产业同质化发展，真正解决农牧业发展中出现的实际问题；二是求真去伪，优选重点项目。突出特色产业发展真正需求，制定相应的项目选择机制，坚持增强"造血"功能的原则，在项目前期工作、政府决策、双方沟通协作等方面不断加以完善；三是充分尊重受援地党委、政府的主体地位，调动和发挥当地干部群众在援建过程中的积极性、主动性、创造性，提高当地群众的参与度。

（三）完善援助工作考评机制

完善监督检查、稽查审计、考核奖惩等工作机制，强化监督，严格考核，真正把资金使用好，把项目建设好，把各项工作任务落实好。建立项目监督检查制度，吸引社会中介力量参与，检查项目实施效果；要重视项目评价，以确定对口支援项目是否合理有效，预期目标是否达到，并对项目实施运营中出现的问题提出改进建议，从而达到提高援助投资效益的目的。

（四）加大对口支援工作成效宣传

充分利用各种新闻媒体，大力宣传首都对口支援协作工作的成效。在重要工作节点组织有关媒体进行跟踪报道，及时总结受援工作经验、典型模式，充分利用互联网、对口支援简报、专报等报道，及时把北京市的对口支援协作工作亮点宣传出去，把受援地区干部群众对首都无私援助的感激之情宣传出去。努力提高全社会对这项工作重要性和必要性的认识，引导全社会共同关心、支持和参与对口支援协作工作，大力营造良好的社会氛围。

专题一 首都农业科技对玉树地区的
辐射带动作用

一、调研背景及调研基本情况

为落实北京市支援合作办工作指示精神，推进北京市与青海玉树对口援助工作实现精准对接，充分发挥首都农业科技对青海玉树现代农牧业的辐射带动作用，为青海玉树现代农牧业发展提供强有力支撑，课题组2016年7月19—23日期间赴青海玉树进行了深入调研。

本次调研工作得到了青海玉树藏族自治州人民政府、玉树州农牧局及相关区县人民政府的高度重视。州政府对调研组的调研日程安排进行了精心组织和安排，玉树州农牧科技局副局长昂文旦巴全程陪同参加调研，调研区县主管领导及相关部门领导陪同参加了各自区县所涉及调查点的调研工作，并对调研点情况进行了详细介绍。调研组在5天时间里实地考察了称多县、治多县、玉树市等地，累计走访了称多县巴彦喀拉乳业公司、治多县生态畜牧业合作市、玉树市巴塘合作社、草饲场等近10个示范点。7月22日下午，调研组与玉树州相关部门进行了座谈交流，听取了玉树州政府办、农牧科技局、林业局、扶贫办等相关领导汇报，对北京与玉树对口协作、玉树农牧业发展和玉树农牧业科技创新等相关情况有了较为全面了解，并对下一步可以开展的农业科技对接工作进行了深入探讨。

二、玉树州农牧业产业现状

（一）玉树州总况

玉树全州土地总面积 26.7 万平方公里（1 公里＝1 千米。全书同），占青海省总面积的 37.2%，平均海拔 4 200 米。玉树州辖玉树市、杂多县、称多县、治多县、囊谦县、曲麻莱县 5 县 1 市，总人口 40.5 万人，其中藏族人口占 98.3%。玉树州全境处在三江源、可可西里和隆宝湖三个国家级自然保护区内，三江源18个核心保护区中10个在玉树，占全州总面积的41%，在整个三江源区的生态环境保护与建设中处于主体地位，生态地位十分特殊而重要。

农牧业是玉树州的基础产业和主导产业。2015年，玉树州农牧业完成增加值25.72亿元，三次产业结构比为43：38：19，农牧民人均收入达到4 638元，其中牧业人均收入为1 183.75元。当前，全州农作物播种面积为18.03万亩，粮油总产达到17 373吨，饲草料种植面积为10.9万亩，产量达1.2万吨。在畜产品产量中，肉类总产量4.02万吨，奶类产量7.07万吨。牲畜存栏279.52万头/只/匹（牛202.09万头、羊74.8万只、马2.63万匹），共产各类仔畜90.95万头/只（牛66.03万头、羊24.92万只），仔畜成活83.25万头/只，成活率91.53%，成畜减损6.04万头/只，减损率为2.08%，草食牲畜母畜比例和繁活率分别比2010年提高1.43和4.1个百分点，达到49.85%和71.91%。

（二）玉树州农牧业发展成效

“十二五”以来，玉树州农牧业紧紧抓住国家支持青海藏区经济社会发展、生态畜牧业建设等重大战略机遇，以农牧业增效和农牧民增收为目标，围绕草地生态畜牧业建设和特色牛羊生产工作重点，突出玉树地方特色，不断加快转变农牧业生产经营方式，由单纯重视数量增加逐步迈向生态、生产、生活的协调统一，大力发展现代高效农业和生态畜牧业，农牧业综合生产能力和农畜产品供给能力得到有效提升。

1. 新型经营主体不断壮大

玉树州大力扶持发展农牧民专业合作社、养畜大户等新型经营主体，进一步推动草场、耕地、牲畜等生产要素实现流转和优化重组。以股份制、联户制为主体，大户制、代牧制为补充的生态畜牧业经济合作社模式逐步形成，组织化程度显著提升。全州共组建生态畜牧业合作社200个，入社牧户达2.40万户，牧户入社率达32.5%；累计整合牲畜100万头只，牲畜集约率达67.8%；流转草场2 673.70万亩，草场集约率达到66.9%。养殖、饲料及加工龙头企业25家，兽药、饲料等各类经销大户（公司）50余家，畜牧经纪人逾千人。全州各类经营主体正在由“单兵作战”向抱团、联合发展转变，由单一家庭经营向多主体、多领域合作经营转变，现已形成“专业合社+基地+牧户”“龙头企业+牧户+基地”等生产经营模式。

2. 农牧业基础设施进一步夯实

玉树州把维修和重建日光温室作为灾后重建的首要任务，巩固农田整治、水利灌溉、测土配方、农田杂草灭治及修缮毁损蔬菜温棚，提高设施农业的发展水平。全州累计投入 8 亿元，实施了一系列草地生态保护工程，通过草原建设、退牧还草、牧草良种补贴等项目的实施，以及人工种草、草场治理、病虫鼠害防治、黑土滩治理等手段，使全州草原生态环境退化的趋势在一定程度上得到了遏制。设施畜牧业、畜牧业良种工程、草地围栏、动物疫病防控等基础设施建设项目顺利实施，使得畜牧业生产条件得到进一步改善，"十二五"期间，玉树州建成牧区标准畜用暖棚 2 万幢，建设养畜配套畜棚 1 万户，休牧围栏草地 1 200 万亩。

3. 农畜产品地方特色逐渐凸显

玉树州大力发展特色种植业和养殖业，努力打造高原绿色有机品牌，扎实推进"肉架子、菜篮子、奶瓶子"工程。一是充分利用玉树市、称多、囊谦两县的气候优势和农耕地，巩固和扩大青稞基地种植面积，继续加大芫根、中藏药材等特色农作物种植基地规模，全力提高贫困地区农民从事种植业的积极性；二是形成了一批有规模、有效益的牦牛藏羊养殖场、良种繁殖场；三是依托企业生产出优质优价农畜加工产品，包括芫根饮料、特色乳制品、特色肉制品等具有高原特色的农畜产品，带动周边农牧民增收致富。

4. 畜牧业保障体系建设全面推进

玉树州高度重视畜牧良种繁育工作，全州共建成 3 处高原牦牛良种繁育场和 2 处藏羊繁育场，藏羊、牦牛本品种选育和牲畜品种改良进程顺利加快，牲畜良种繁育体系不断完善，良种化水平提升。目前，已推广牦牛种公牛 2.72 万头、改良牦牛 91.5 万头，推广绵山羊种公羊 6.4 万只、藏羊选育 50 万只。另外兽医工作体系逐步健全，初步构建了行政管理、监督执法和动物防疫技术支撑体系，动物疫病监测诊断、检疫监督能力得到明显增强。

5. 农牧民科技水平显著提升

"十二五"期间，以提高农牧民科技素质为主要目标的实用技术培训得到进一步加强。通过实施农村牧区劳动力培训阳光工程、职业牧民培训工程、玉树州星火人才培训项目、农牧民实用技术培训项目等，完成牧民技能培训 21 万人（次），牧民实用技术骨干培训 3 万人（次），培养了一大批懂技术、会经营、善管理的新型农牧民，较好地促进了先进实用技术和经营理念在农牧区的推广普及，为农牧业生产方式的转变提供了支撑。

（三）新形势下农牧业发展遇到的主要问题

1. 地缘经济约束与生态承载压力愈发明显

玉树属于典型的生态脆弱区和敏感区，位置偏远、交通不便，再加上高海拔和恶劣气候条件，产业发展的成本高，远离主要消费市场，当地的市场容量和消费水平较低，特色优势产业的发展难以做大做强，资源优势难以转化为产业优势。目前全州中度以上退化草场面积占可利用草场面积的 68%，导致牧业实际可利用资源减少。"十三五"时期，玉树处于全面建设小康社会的关键时期，经济增长对资源的消耗给生态环境的承载能力带来巨大压力，尤其玉树地处三江源生态保护区，发展经济与生态环境保护的矛盾已成为玉树地区当前面临的最突出问题。

2. 农牧业生产经营方式仍较为粗放

首先，靠天养畜的局面没有得到根本性的改变，牲畜受牧草生长季节的影响，长年处于"夏壮、秋肥、冬瘦、春死亡"的恶性循环当中，另外畜种比例失调，畜群结构不合理，导致牲畜个体生产性能下降。其次，大多数农牧业合作经济组织普遍存在资金不足、信息不灵、机构不健全、制度不完善、管理不规范、运作不正常等实际问题，未能有效建立起农牧民和大市场的对接平台，企业与农牧民之间没有形成紧密的利益机制。最后，农畜产品加工规模小、档次低，产品单一，品牌建设不强，缺少"拳头"产品，高端农畜产品开发滞后，加工龙头企业带动农牧业提档升级的能力较弱。

3. 牲畜良种繁育体系建设滞后

由于对优良品种资源保护的重要性认识和资金投入不足，放松了对地方优良品种的保护和利用工作，导致玉树州牦牛长期近亲繁育，造成个体生产性能退化的现象严重，牦牛资源的遗传多样性面临的形势十分严峻。尽管目前建立了一批种畜场，引进了 10 万头的野血牦牛，但每年仅有 1 200 只家养牦牛可以配对，全州仍有 220 万头牲畜需要改良，需求缺口十分巨大。主要原因一是由于畜牧养殖没有形成规模化，部分乡（镇）行政村多、分布分散，不利于品种改良；二是大部分牛改站点受条件所限，其选址、设计、布局不合理，建设标准低，加之年代久远、缺乏维修保养房屋破旧，仪器设备陈旧落后，缺乏必要的办公设备和必要的人工授精运输设备，已经不能适应目前畜牧业发展和开展上门服务、提高服务质量的现实要求；三是玉树地区海拔较高、气候较冷，难以摸清牦牛发情周期，给牦牛的改良工作带来了很大的困难。

4. 农牧业科技服务人才严重匮乏

理念、管理、服务、技术、机制等"人才软件"是玉树发展的至关重要因素。由于农牧技术推广和科技服务长期缺乏经费，使农牧业技术服务体系功能弱化，科技服务队伍不稳定，技术服务和推广人员严重不足，全州技术服务体系中畜牧专业技术人员仅占15%，严重制约了硬件条件的效用发挥。并且玉树地区农牧民的素质较低，接受科学技术和新生事物的能力差，科技技能培训难、成本高，一些优良特色品种和特色种植养殖技术不能得到广泛应用。

（四）"十三五"农牧业发展工作重点

1. 加大产业结构调整，大力发展半舍饲养殖业

一是尽快改变以天然放牧为主的饲养方式，扎实推进以草定畜工作，努力实现生态保护与畜牧业生产良性循环；二是引导群众增加母畜，加快周转，实现季节性生产，减轻牲畜对草场的压力；三是大力调整种养结构，重点扩大优质饲草料特别是人工饲草基地的种植面积，突出发挥好草畜互补的优势，实行以种促养，大力发展半舍饲养殖，努力扩大育肥规模；四是积极引导畜牧业由生产导向向消费导向转变，大力发展草地生态畜牧业和有机畜牧业，形成生态有机畜牧业生产技术体系。

2. 强化专业合作社规范运行，创新生产经营机制

在扶持发展现有专业合作社的同时，择优对基础条件好、管理运作规范、带动能力强的专业合作社进行重点培育和扶持。按照生态畜牧业建设要求，在各村组建生态畜牧业合作社的同时，进行跨区域组建成立合作社联合体，实现统一的产前、产中、产后服务和产品的统一销售。积极扶持发展龙头企业，引导鼓励合作社联合体及牧民以草场承包经营权、资金、劳动力等要素与龙头企业进行多形式合作，建立龙头企业与合作社、牧户之间紧密的利益联结机制，使合作社联合体内联牧户、外联龙头企业和市场，形成良性互助关系，促进产加销紧密结合。

3. 加强品牌建设，竭力打造有机农畜产品高地

对玉树芫根、中药材、牦牛、藏羊以及乳制品进行全面包装，统一注册商标，实行玉树绿色农畜产品专卖，展示玉树"绿色、有机、保健、无污染"的品牌优势，提高对外竞争力、知名度，扩大影响力，最终实行畜产品优质优价，真正成为玉树的拳头产品和名片。强化畜产品市场流通服务，建立畜产品产地直销体系，发展提升畜产品批发市场、集贸市场和平价超市。加强畜产品市场信息网络建设，大力发展线下线上销售，使之成为玉树畜产品走向省内国内国际大市场的桥梁。

4. 不断完善现代畜牧业支撑保障体系

一是加强畜牧业科技服务体系建设，强化州、县、乡、村四级畜牧技术服务机构建设，健全技术服务网点，鼓励技术人员通过科技承包方式，进村入户，手把手指导养殖户，使技术服务面真正覆盖基层；二是强化动物防疫体系建设，提高重大动物疫病预警预报、疫情监测、诊断及防治能力，加强动物卫生监督，健全重大动物疫情应急指挥、应急物资储备体系，加强病死畜无害化处理设施建设；三是健全农畜产品质量安全保障体系，推进监测信息采集、应急处置、质量追溯、质量评价及信用保证等，对牲畜屠宰加工质量控制实施全程监管；四是完善市场服务体系，加强良种、基础设施、生产贷款等政策性补贴及养殖保险支持力度，加大金融支持力度，构建政府主导、市场补充、社会化运作的农牧业服务体系。

5. 以科技项目为依托，大力发展优势产业

围绕高原型牦牛产业的发展，支持种畜提纯复壮及繁育、牦牛乳品生产关键技术集成及产业化开发、人工饲草基地及草产品加工等技术集成与示范等相关科技项目。围绕玉树高原特色动植物资源开发利用，结合现代分子生物学技术，整合省内外科技资源和技术力量，支持玉树州龙头企业建立野生抚育基地，推动冬虫夏草等高原动植物资源的保护和利用，为实现高原动植物的可持续利用及高寒草甸植被恢复与治理提供科技支撑和开发模式。

三、北京在青海玉树的对口援助情况

（一）北京对玉树农牧业援助成效

自 2010 年对口援青工作正式启动以来，在北京市委市政府和青海省

委省政府双方的共同努力下，对口支援工作取得显著成效。六年来，北京市紧紧围绕改善民生、项目援建、产业扶持、智力援助、生态建设等重点，全方位、宽领域、多层次开展对口支援，玉树州的民生保障水平显著提升，智力人才援玉成效明显，产业发展基础不断夯实，交往交流交融更加密切，生态环境保护扎实推进，为玉树转型跨越发展注入了活力、增添了动力。

"十二五"期间，北京对口支援资金投入 11.22 亿元，实施各类项目 230 个，其中在农牧业科技方面累计投入 3 827 万元，并重点向边远贫困地区倾斜，共实施基础设施、技能培训等 20 个项目，全州农牧业发展基础不断夯实，农牧民劳务素质得到提升。

1. 因地制宜，扶持了一批特色产业项目

"施援建"与"促产业"并举。北京市利用自身优势资源，积极助推玉树特色产业做好做强，重点推动玉树生态高效农牧业、生态文化旅游业等特色产业发展。对玉树市八吉村生态畜牧业示范村的市政配套设施建设给予了资金支持，提升了该村生态畜牧业发展空间；引导北京密丝蒂咔公司与囊谦县合作成功研发了黑青稞啤酒，现正在推进更深层次的黑青稞啤酒产业合作。2015 年，北京安排 1 000 万元的产业发展引导专项资金，引导社会力量广泛参与玉树经济社会发展，为玉树创造了良好的产业发展环境。

2. 智力支援，留下了一支带不走的人才队伍

"请进来"与"走出去"并举。针对玉树州存在农牧业科技人才总量不足、缺乏高层次专业技术人才的问题，北京紧密结合玉树干部人才现状和需求，在农牧业方面持续加大对玉树的智力支援力度，并不断加强援玉干部的选派和支持力度，为玉树农牧业发展提供人才支撑。"十二五"期间，持续选派农牧科技局相关人员参加农业部农业专业技术人员知识更新培训，并为玉树培训农牧民实用技术人员 17 000 余人次，有力促进了当地农牧业科研管理水平的进步和当地人才的成长。

3. 积极交流，搭建了一座合作共赢的桥梁

"促交流"与"谋合作"并举。2011 年以来，北京市领导带领有关部门和部分知名企业先后 4 次参加"青洽会"，沟通合作需求，签署合作协议，促进两地部门与产业对接。"十二五"期间，北京市属 10 余家部门和多个区县先后到玉树实地开展交流与对接活动，充分发挥首都优势，

帮助玉树州特色产品全面开拓北京市场。玉树州、县等相关部门也多次到京进行交流学习,借鉴经验做法。借助"青洽会""玉树国际虫草节"等平台,推动了同仁堂集团与玉树州政府在虫草收购加工方面签订合作协议。玉树州也不断增强高原特色产品的市场竞争力,2016 年在北京市对口支援地区特产展销会上期间总销售近 45 万元,取得了产品展示和销售双丰收。

(二) 农牧业援助工作存在的问题

1. 缺乏持续稳定的利益补偿长效机制

玉树州处于三江源自然保护区,面临着艰巨的生态保护和建设任务,需要持续稳定的资金投入,但是目前的资金投入规模和领域难以适应要求。三江源自然保护区建立以来,相继实施了退耕还林、休牧育草和限制中草药采挖等一系列生态保护工程和措施,地方财政大幅减收。实行草场休牧后,牧民的收入水平出现下降,尽管政府给予了一定补助,但解决退耕退牧农户长远生计的长效机制尚未根本建立。

2. 农牧业项目资金使用较为分散

在"政府主导、部门帮扶、社会参与、对口支援"的大背景下,项目资金往往表现出"部门分割、多头下达、封闭运行"的特征,基层农牧业主管部门缺乏对资金使用、项目落地、推动实施等过程的统筹能力与权限,往往被动接受上级指令与部门安排,缺乏项目实施与资金使用的主动性、能动性和应变性,以至于许多项目难以切实落地,有效实施。多头管理导致支援资金分配碎片化,专项资金使用约束过于严格,基层使用起来相当困难。

3. 支援工作形式有待更加丰富

现阶段,北京对玉树的对口支援方式仍以资金补助和项目带动为主,虽然近年来逐渐倾向于产业合作和智力支持,但大部分还是政府主导行为,缺乏市场手段,尤其玉树当地农牧企业的自身实力难以提高。未来要进一步发挥首都科技优势、市场优势,从重点领域合作要扩大到全面合作,从政府主导转变为政府调控、市场运作和企业参与相结合,形成多领域、多层次、多渠道、多形式的工作局面,切实增强玉树地区的自我"造血"能力。

四、青海玉树农牧业发展的科技需求

通过本次调研，调研组认为，玉树州在农牧业发展方面的科技需求主要如下。

（一）提升农牧业发展质量方面

1. 良种体系建设

玉树牦牛良种退化严重，牲畜品种亟需改良，但牛改工作成本较高，目前还未形成规模化、体系化、产业化的改良机制。需要完善种畜场建设，引进先进的现代生物技术保种方法，并做好繁育改良技术指导工作，加大良种辐射和推广力度，促进畜种改良和本品种选育工作全面开展，不断提高牲畜品种的生产性能。

2. 发展优质饲草料产业

草是畜牧业的基础。玉树是一个雪灾多发的地区，每年需从州外大量调购饲草料，成本较高，增加了牧民群众负担。希望发挥北京的科技优势，一方面在饲草秸秆氨化技术、青贮技术等贮藏技术方面给予支持，大力扶持重点乡镇建设饲草料贮备站，建立健全饲草料贮备体系；另一方面在饲草料深加工技术方面给予支持，建立和完善饲草料加工企业。

3. 肉类、蔬菜保鲜贮藏

玉树是青海省畜牧业生产基地，每年都有绿色环保肉食品销往各地，但全州没有一处肉类保鲜贮藏库，影响了肉食品的反季节销售。另外，玉树州灾后重建项目有近 2 000 栋的日光节能蔬菜温室，夏季每天生产近千吨的蔬菜，希望北京在肉类、蔬菜保鲜贮藏技术上给予支持。

4. 产业链延伸升级

当前玉树农畜产品仍以粗加工为主，牛羊肉产品交易多属于低层次的现货交易和手工操作，除称多县高原牦牛畜产品有限公司对肉食品进行分类解剖销售外，其他地方几乎都是活畜交易和现宰现卖，缺乏特色产品和深加工产品，希望引进和培育牦牛肉和藏羊肉加工龙头企业，或者以联营的方式建立合作关系，发展肉食品精深加工，积极打造和树立高原牦牛肉和藏羊肉品牌。另外，玉树中藏药材资源也十分丰富，而虫草、芫根、珠芽蓼等产品科技研发较少，希望通过引进龙头企业，对简单加工包装进行精深加工研发，提高产品附加值。

（二）推进生态环境保护方面

1. 草场修复治理

草场生态环境不仅是畜牧业的基础，也是三江源地区经济社会发展的重要组成部分。玉树州草场退化严重，鼠虫害肆虐，希望北京发挥自身科技资源优势，在高原草场荒漠化治理、鼠虫害防治方面给予技术协助和支持。

2. 科学放牧技术

玉树州草场分布不均，目前冬春草地和夏秋草地面积比例大致是1.1：1，而冷暖季载畜量之比则为1.5：6，因此生产上存在着冬春草地不够、夏秋草地利用不充分的问题。在此条件下，如何适应草场时空分布变化，科学计算玉树草场载畜量，也是亟待解决的一个问题。

3. 生态畜牧业发展指导

虽然玉树州目前大力提倡发展生态畜牧业，但大多还只是停留在纸面上的一个"概念"，缺乏实践操作经验。需要通过对口协作，开展玉树州的生态畜牧业研究，真正实现生态保护、经济建设、民生改善三者和谐发展。

（三）改善农牧区民生水平

1. 示范园区建设

根据省州要求，玉树为加快推进生态畜牧业，未来要大力发展与生态畜牧业专业合作组织相关联的具有特色产业支撑的示范园区，以增强农牧民的科技素质和应用先进生产技术的意识。希望北京在推进玉树州生态畜牧业示范园区建设方面给予合作与支持，在科技研发、园区企业等方面加强支援，提高示范区科技含量。

2. 改善农牧民生活条件

一方面是随着"禁牧与休牧"政策的提出，需要开展游牧民定居问题的研究，另一方面式希望研制生产出适合游牧民生活的基础设施和生活设备等。

五、完善北京对口援助政策的建议

1. 加强农牧系统干部交流和专业技术人员培训

一是积极建立对口帮扶双方干部挂职交流机制。北京市农委、农业局等对口帮扶部门下派懂经营、善管理的行政领导和专业技术人员，在玉树州农牧系统挂职交流，指导、协调对口帮扶双方的相关工作；二是加强技术人员培训工作。注重基层农牧科技服务体系建设，对现有的农牧业管理人员和专业技术人员，采取"走出来、请进来"的办法，加大科学技术指导培训力度，提高农牧业科技人员的素质。

2. 扶持农牧业龙头企业，带动农牧民增收致富

依托玉树得天独厚的优势，围绕高原牦牛肉、藏羊肉、牦牛乳、芫根等优势产业，对现有具备一定规模和产业基础的农牧业生产合作社以及农牧业龙头企业进行重点扶持，生产无污染、纯天然的高原特色绿色农畜产品，并支持龙头企业通过电子商务等现代流通方式，扩大市场销路，提升农畜产品附加值，带动当地农牧民增收致富。

3. 拓宽支援渠道，宣传玉树农特产品

北京市要在农畜产品流通、畜牧业企业合作等方面，逐渐由"对口支援"向"长效合作"转变，考虑长远性和有效性，重点培育玉树产业的自我可持续发展能力，不断推进京玉双方互利共赢。同时要统筹玉树农特产品进京销售的契机，广泛宣传，帮助玉树在京推广农畜产品，进一步扩大玉树地区和当地农畜产业的知名度和影响力。

4. 加强机制建设，统筹农业科技资源

虽然目前京玉农牧业科技对口支援和区域合作做了许多工作，但始终缺少专门的部门进行统一协调梳理，因而不能及时汇总农牧业科技方面的相关信息，对玉树州农牧业发展动态及存在的困难也难以及时反映，对农牧业领域支援项目的跟踪力度不够，导致农业科技资源得不到有效整合和有的放矢。建议北京市农林科学院与玉树农牧科技局等部门建立定期沟通与协商制度，立足玉树农牧业发展需求，共同凝练重大农牧业科技项目，发挥财政资金"四两拨千斤"的放大效应。

执笔人：赵姜

专题二　首都农业科技对拉萨地区的辐射带动作用

一、调研背景及调研基本情况

中央第六次西藏工作座谈会指出，资金和项目要进一步向农牧民倾斜、向基层倾斜、向贫困地区倾斜，要提高扶贫方式实效性，增强贫困地区"造血"功能。农牧业直接关系西藏城乡居民基本生活，也是占全区人口近80%的农牧民的主要收入来源。目前西藏农牧业生产水平还比较低，不仅影响农牧民增收，有些重要农牧产品也满足不了需求，当地亟待加快推进现代农牧业建设。在此背景下，有必要进一步推进北京市与拉萨市对口援助工作实现精准对接，充分发挥首都农业科技的带动辐射作用，为拉萨现代农牧业发展提供强有力的支撑。课题组2016年8月24—29日期间赴拉萨市进行了深入调研。

本次调研工作得到了北京援藏指挥部、拉萨市农牧局的高度重视。拉萨市农牧局对调研组的调研日程进行了精心组织安排，农牧局副局长坐春伟同志、北京援藏干部邢斌同志全程陪同参加调研。调研组相继实地考察了曲水县才纳乡净土健康产业全区、城关区高标准奶牛养殖基地、白定设施农业园区、尼木县吞巴乡藏香制作合作社、德青源藏鸡养殖基地、有机青稞种植基地等多个援藏项目。并就当地农牧业科技情况、受援情况及未来农牧业科技合作需求与自治区农牧厅、拉萨市农牧局、尼木县负责同志、企业管理人员等进行了深入的座谈与交流。

通过调研，了解到北京在援藏项目建设、智力援藏、干部人才援藏等各方面工作都取得了突出成绩。尤其是对口支援拉萨城关区、堆龙德庆区、当雄县、尼木县，有力助推了当地农业经济跨越式发展。

二、拉萨农牧业发展现状

（一）拉萨市总况

拉萨位于西藏高原的中部、喜马拉雅山脉北侧，地处雅鲁藏布江支流拉萨河中游河谷平原，作为西藏自治区首府，是西藏政治、经济、文化中心和交通枢纽，现辖城关区、堆龙德庆区、当雄县、尼木县、曲水县、林周县、达孜县和墨竹工卡县两区六县，总人口约 56 万人。平均海拔在 3 500 米左右，平原宽阔，植被葱郁，物产富饶，全年日照时间 3 000 小时以上，素有"日光城"之称。

粮食作物以青稞为主，次为小麦、豌豆、蚕豆、荞麦、玉米。经济作物主要有油菜。蔬菜作物中马铃薯、大蒜、藏葱、藏萝卜、蔓青等种植历史悠久，大白菜、小白菜、萝卜、甘蓝、芹菜、菠菜、空心菜、花菜、韭菜、莴笋、胡萝卜等在城镇郊区也广泛种植，随着玻璃温室、塑料大棚、地膜覆盖等栽培措施的应用，暖季生产的番茄、辣椒、黄瓜、南瓜、扁豆、茄子等喜温蔬菜已达 30 余种。家畜主要有牦牛、黄牛、犏牛、马、骡、驴、绵羊、山羊和猪，还有先后从区外引进的 28 个家畜优良品种。

（二）拉萨市农牧业发展情况

1. 农牧业综合生产能力显著提升

"十二五"期间，拉萨着力推进农业产业结构调整和转变农业发展方式，大力改善农牧区基础设施，农牧业综合生产能力显著提升。截至 2015 年底，拉萨农林牧渔业总产值 23.38 亿元、增加值 13.8 亿元，比 2010 年分别增长 56%、18.4%；农牧民人均可支配收入达到 10 378 元，高出全区平均水平 2 134 元、比 2010 年增长 107.4%，实现了翻一番的奋斗目标，7.9 万名农牧民实现脱贫；针对农牧业特色产业，开展青稞生产基地建设、草补奖励资金、退牧还草、农业综合服务站、质检中心等基础设施建设项目；发展涉农企业 72 家，比 2010 年增加 22 家，同时入选国家级涉农企业 7 家，覆盖种植、养殖、农业机械化、农畜产品加工、旅游业等领域，同时，堆龙德庆县岗德林村、巴热村、嘎冲村以及尼木县吞达村、曲水县才纳村被评为全国"一村一品"示范村镇。

2. 农牧业科技支撑作用不断显现

"十二五"期间拉萨不断加强农牧业科技基础研究，科技对农牧业发展的支撑作用不断显现。

品种选育推广方面，拉萨重点加强了农作物、畜禽新品种选育，先后组织科研部门选育出了一批青稞、小麦、油菜、马铃薯和蔬菜等农作物新品种和新品系，成功示范推广了青稞"藏青2000""喜玛拉22号"和冬小麦"山冬7号"等新品种，产量均比原有品种提高了15%以上。在牧草、牦牛、绵羊、绒山羊、藏猪、藏鸡等方面选育工作也取得了重大进展。2015年西藏农牧科学院与中国科学院、华大基因研究院合作，成功绘制了全球首个青稞基因组图谱，给未来麦类作物的改良以及其他高原作物的研究工作提供了宝贵的参考资料。

农业科技体系服务体系建设方面，拉萨通过聘请首席专家、技术指导员的方式，有效构建起了以"首席专家定点联系到县、农技指导人员包村联户"的工作机制，重点扶持青稞、小麦、设施农业等30余种主导品种及其配套主推技术。坚持以良种良繁技术组装和集成为重点，大力实施提高粮食单产行动。农牧业科技贡献率达到50%，比2010年增长11%。

标准化生产体系建设方面，拉萨加大检测人员的培训力度，无公害蔬菜生产基地面积达1.9万亩，比2010年新增1.27万亩；无公害农畜产品达到73个，比2010年新增13个。农产品抽检合格率均达到97%以上。

3. 净土健康产业成为农牧业发展新方向

2013年以来，拉萨大力发展净土健康产业，以推进高原有机农牧业生产为基础，复合多种独特资源，重点打造健康产业研发基地、特色经济作物种植示范基地、藏药材种植示范基地、现代化奶牛养殖示范基地、现代化畜禽养殖基地、净土健康身心理疗基地和现代化物流仓储基地"七大基地"，以及包括天然饮用水、奶业、藏香猪（生猪）养殖、藏香鸡养殖、食用菌种植、藏药材种植、经济林木与特色花卉、高原特色设施园艺和斑头雁养殖"九大产业"。并确立了净土健康种植业"两区八带"、养殖业"一区二带三板块"的发展格局。如今，城关区、达孜县、曲水县形成以奶牛养殖示范村、标准小区、现代牧场为特色的奶业发展优势区；林周县以牦牛、半细毛羊等种畜场为依托，大力发展人工种草，现代畜牧业示范区雏形基本形成；曲水县大力发展玛咖、丽江雪桃、藏药材、酿酒葡萄等种植，产加销一条龙发展，形成了特色鲜明的经济作物产业带；尼木县突出藏香鸡原种保护，通过培育养殖大户和合作社，产业规模迅速扩大，成为重要的藏香鸡养殖大县；堆龙德庆区以岗德林蔬菜花卉生产基地为龙头，带动全区设施农业发展，形成了高原特色现代设施农业示范区。2014年，拉萨市净土健康产业企业达89家，实现产值近28.7亿元，其中规模以上企业26家。2014年雪顿节期间，拉萨全市净土健康产业签约项目53个，总投资248.1亿元。

（三）存在的主要问题

1. 农牧业发展水平较低

虽有奶牛、藏鸡、生猪、设施农业、半细毛羊等产业 但是还存在规模小、基地散、效益低、设施不健全等问题；涉农企业小打小闹，产品高精尖技术含量不足，销售渠道不畅，这与规模化、集约化、专业化的现代化农牧业差距还很大。

2. 农牧实用性人才严重匮乏

技术人员大多文化水平不高，缺乏繁育、科学饲养、防疫、植保、质检等方面的经验和技术，急缺农技专业人才、新型农牧业经营体系管理人才、营销人才。

3. 保障和改善民生任务艰巨

农牧民传统思想仍旧存在，"等靠要"思想较为严重，农牧民持续增收能力较弱，提高农牧业产业化水平艰巨，统筹城乡发展、促进公共服务均等化、扩大就业、建立健全社会保障体系、妥善处理人民内部矛盾的压力不断加大。

4. 农牧业基础设施薄弱

科技体系不健全，动防冷链体系、检验检测体系、防抗灾体系、农牧信息平台等有待于进一步完善；耕地基础配套不完善，灌溉设施辐射面不广，耕地质量水平需进一步提升，高产农田占比低，只有30%左右；草原保护、草原灌溉、草原围栏、牲畜暖棚建设滞后。

（四）"十三五"农牧业发展工作重点

"十三五"拉萨将以稳定粮食产量、增加农村居民人均收入为重点，促进农牧业生产体系、农牧业经营体系和农牧业产业体系的转型升级，努力实现农牧业科技进步贡献率超过56%，农牧业产业化经营率达到55%

以上，农牧民入社率达到60%以上。并明确了"六个以"的主要任务。

以稳定粮食产量为前提，保障农畜产品有效供给；

以净土健康产业为引领，建成优势特色农牧产业体系；

以提高农牧业科技含量为核心，完善服务体系能力建设；

以保障农产品质量安全为准绳，构建农牧业质量保障体系；

以保护生态环境为原则，促进农牧业循环经济发展；

以精准扶贫、精准脱贫为途径，实现农牧民小康建设目标。

三、北京在拉萨的对口援助情况

1994年7月，中央召开第三次西藏工作座谈会，做出了全国支援西藏的重大决策，确定北京市对口援助拉萨市。21年来，北京市委、市政府认真落实"分片负责、对口支援、定期轮换"的援藏工作方针，从资金、人才、技术等多方面、全方位无私支援拉萨建设，形成了以干部援藏为龙头、项目援助为重点、财力援助为保障的援藏工作思路和市对市、区对县、部门对部门的援藏工作格局，援藏力度逐年加大，援助方式逐年改进，有力促进了拉萨市社会主义新农村建设及产业建设，使拉萨市的基础设施逐步改善，农牧民生活水平不断提高。尤其是对口支援拉萨城关区、堆龙德庆区、当雄县、尼木县（简称两区两县），有力助推了当地农业经济跨越式发展。

（一）对拉萨农牧业援助成效

1. 强化管理，健全工作体制机制

北京创新援藏工作模式，健全工作体制机制，成立了以市委书记为组长、市长为常务副组长的领导小组及办公室，并在拉萨设立了援藏指挥部，形成北京市党委政府坚强领导，组织部和援合办统筹协调，指挥部强力推动，各方全力支持配合，全体援藏干部共同努力的工作格局。制定《援藏干部规范》《援藏项目管理规定》《援藏资金使用和审计规定》《党委议事规则》等60多项规章制度，形成了专职干部和挂职干部的双重管理模式，着力提升援藏干部素质能力，有效促进援藏干部作用发挥，推动了北京援藏工作更加科学化、规范化。在援藏资金管理上，采用"交支票"方式，通过选择好监管公司和强化管理确保质量。大型基础设施建设等重大项目，则采用了"交钥匙"方式，引进大型国企参与建设，确

保项目进度和工程质量。北京通过一系列措施保障援藏工作高质高效。

2. 项目支持，带动产业合作

北京市在严格贯彻落实中央关于把上一年财政收入的1‰作为基本援藏资金的基础上，还另行规定保持每年8%的增长，建立援藏资金稳定增长机制。"十二五"期间，北京援藏资金超过21.46亿元，实施了8大类200多个项目，是投入援藏资金最多的援藏省市之一。通过拉萨国家农业科技园区一期工程、城关区娘热乡奶牛养殖小区建设、当雄县肉篮子工程、绵羊短期育肥基地建设、尼木县藏鸡原种保护与繁育基地、尼木县农牧民技能培训中心、1 518户农村沼气工程、羊达乡现代设施农业示范园等项目建设，加大对净土健康产业、奶牛养殖基地、绵羊育肥基地、藏鸡养殖基地、现代设施农业、工业园区等产业扶持力度，帮助农牧民增收致富。并开展首都企业家拉萨行、北京拉萨商品大集、设立"拉萨净土健康产品展示厅"等活动，吸引首都知名企业到拉萨投资100多个项目，投资300多亿元，推动拉萨产业发展。"十三五"北京将通过农业科技服务体系建设、新品种引进与示范、农业科技园区建设等项目，继续加大对拉萨农牧产业扶持力度。

3. 因地制宜，提升自我发展能力

立足"两区两县"的资源禀赋和产业基础，因地制宜，注重细分市场，助推一县一业产业发展。发挥城关区的城区优势，发展现代农牧业，形成"集中饲养、分户管理、统一免疫、统一配种"的管理模式；以堆龙德庆区设施农业为基础，发展现代设施农业，建成拉萨首个无公害蔬菜基地，采用"农超对接、农校对接、蔬菜直通车"等北京生产模式，广开销路，年产无公害蔬菜360万千克，年产值超过1 500万元，辐射带动当地群众180户，户均纯收入约2.8万元；利用当雄县拉萨市唯一的纯牧业县及肉食品供给基地的优势，开发了当雄县独特牦牛、绵羊绿色肉制品、奶制品优势资源，拓宽了牧民增收渠道；针对尼木县原种藏鸡、藏香文化等特色产业，狠抓藏鸡特色养殖项目，引进北京德青源公司，建设藏鸡保种与繁育示范基地、藏鸡研究院以及屠宰场与加工中心，以加速推进拉萨藏鸡原种保护与养殖产业化发展。促成北京市农林科学院与尼木县政府合作，以藏香文化、有机农业为主题，制定尼木县有机农业发展规划。帮助受援地区引进适合藏区的优良畜牧品种、蔬菜品种、花卉品种等，提升农牧业科技水平；引入先进设施农业的种植

技术、灌溉技术等及配套设施，提升设施农业科技水平；利用北京在新能源科技方面优势，在农牧区推广太阳能利用、风能利用等技术和产品；支持拉萨市农牧信息网站的建设。提高拉萨农牧业产量和质量。

4. 智力援助，着力人才培养

自 1994 年以来，北京市坚持把提升拉萨干部素质能力作为基础性工作来抓。围绕拉萨市"五大战略"实施，兼顾短期、中期和长期人才需求，将培训资源向急需紧缺岗位倾斜，将培训方式由短期学习向短长期培训和挂职并重转变。安排专项资金，实施"智力援藏"工程，为拉萨培养了各类急需人才，先后有 2 600 多位各类紧缺人才来京培训学习；500 多位专家学者到拉萨指导和开展专题讲座，参加听课干部群众超过 10 万人次；通过挂职锻炼、考察学习等方式为西藏培训 800 多名专业人才，提升了拉萨市干部人才素质。针对农业专业技术人才培训，促成了中国农科院、中国科学院大学、北京市农林科学院等首都农业科研单位与拉萨的合作，为拉萨培养农业专业技术人员、科研管理人员和科技支撑人员，举办高中级专业技术人员和区县级科技管理人员培训班，提高拉萨农业技术人员的专业素质。

（二）农牧业对口援助工作存在的问题

1. 农牧业援助缺乏科学规划

北京市虽制定了对口支援拉萨经济发展的五年规划，但农牧业方面的项目还是被纳入了拉萨经济发展规划的大盘子里考虑，缺少对拉萨农牧业发展的专项规划及专项资金，尤其是科技援助方面没用专门的规划方案。在援助实施过程中，哪些区域可以成为受援地区域，受援方区域的哪些领域可以受到援助，应该受到多少援助，以何种方式受到援助，援助方区域需要多少资金和其他资源用于对口援助的实施，均缺乏具体的规划。导致目前农牧业项目还是比较散乱，缺少统筹。

2. 援助项目重"输血"轻"造血"，自我发展能力仍较弱

从援藏资金分配表上看，"十二五"期间农牧区基础设施建设资金占援藏资金的 15.2%，产业扶持、生态建设、人才培训资金分别占比 2.4%、0.8%、1.6%，农牧业援助资金占比较少，且大都投向属于基础设施项目，项目仍以"输血"为主，通过科技、产业带动农牧业发展的项目仍较少，拉萨现代农牧业仍处于初级发展阶段，未能很好的解决怎样

做大产业规模、做长产业链条，提高产品附加值，把藏区的资源优势变为产业优势从而形成地方自我发展能力的问题。

表1 2011—2015 年对口支援西藏经济社会发展规划

分领域资金分配情况 单位：万元，%

投资领域	总投资	援藏资金	占援藏资金的比例（%）
总计	174 886	124 886	
一　城乡居民住房	3 174	3 174	2.5
1　地市级			
2　县及县以下	3 174	3 174	
二　农牧区基础设施	18 969	18 969	15.2
三　市政设施	30 348	30 348	15.2
1　地市级	30 348		24.3
2　县及县以下	105 115	30 348	
四　社会事业	69 285	55 115	100.0
1　地市级	35 830	21 785	44.1
五　产业发展	3 000	3 000	2.4
六　生态建设	1 000	1 000	0.8
七　基层组织及阵地建设	5 980	5 980	4.8
1　地市级	5 140	5 140	86.0
2　县及县以下	840	840	14.0
八　基层办公生活条件	3 800	3 800	3.0
1　地市级			
2　县及县以下	3 800	3 800	
九　培训费用	2 000	2 000	1.6
十　其他费用	1 500	1 500	1.2

3. 科技支撑拉萨农牧业发展的路径单一

对口支援西藏政策是中央通过行政手段形成的特殊的地方政府间相互支援的关系，这种无偿、没有对等回报的援助政策，其在政策实施过程中会出现路径单一。目前北京对拉萨农牧业方面的科技援助，大都是北京单方面给项目、出人才，缺乏人才激励及长效的合作机制，援助的经济效益方面缺乏对比性和灵活性。

4. 开放合作和市场经营机制并不健全

对口援藏的资金包括北京市的财政转移和市企业的投资资金。市财政转移资金具有强制性，因为国家通过政策进行了明确规定。但拉萨的开放合作和市场化经营机制还未健全，影响了企业的投资资金的利用，鼓励社会资本参与援藏工作仍需加强。

四、拉萨农牧业发展的科技需求

未来发展净土健康产业将是拉萨农牧业的重点方向和任务，技术和人才依然是拉萨农牧业发展的短板，"十三五"围绕农业科技人才、净土健康产业发展、质量安全控制、生态环境保护等方面，拉萨农牧业发展的科技需求主要有以下几个方面。

1. 人才智力援助方面

包括农业专业技术人才、管理人才、信息技术人才等，用以指导各县区农产品安全检测站工作、拉萨生猪定点屠宰职能划转移交工作、牦牛冻精站、建设"拉萨市农牧信息网"、定期开展农牧业专业技术培训、建立企业、专业合作组织、行政管理人才培养机制等。

2. 净土健康产业发展方面

为大力推进净土健康产业发展，需要援藏项目大力支持四大粮食主产县种子加工基地建设、尼木县藏鸡产业、堆龙德庆区花卉和香料产业及新品种果蔬引进、当雄县牦牛、绵羊产业、城关区奶牛标准化养殖综合试验站建设等。组织北京农牧业生产企业来拉萨投资兴业，带动拉萨农牧业的产业发展，嫁接起北京西藏产业链条，将拉萨净土健康产品销往北京。

3. 农产品质量安全控制方面

需健全农业科技体系，检验检测体系，补齐拉萨市重大动物疫病防控体系的短板，建立动防冷链体系，全过程实现疫苗冷链保护。在9个县区及高寒牧区乡镇建设疫苗冷藏库。

五、完善北京对口援助政策的建议

1. 加强顶层设计，提高援助效率

加快京拉农业科技合作体制机制突破，实现由"分散化"向"一体

化"政策体系转变，在科技援藏规划、农业科技资源配置、农业科技合作、政策制定和重大农业科技项目布局上统筹协调，加强顶层设计，抓紧制定总体农牧业科技援助战略规划，深化合作细则，提高援助工作效能。

2. 加大产业支持，增加自我造血能力

拉萨的经济社会发展需要增强自身发展能力，这样对口支援政策才能真正达到预期的政策目标。北京援藏工作要着眼当前与长远、输血与造血，在今后的对口支援拉萨的援助项目与资金应向人才培训、教育类倾斜，注重提高拉萨的"软实力"，发挥援藏资金撬动作用，做好桥梁纽带和服务保障工作，加大人力资本投资，促进拉萨自我发展能力的提高。完善产业扶持引导办法，发挥北京优势，聚焦拉萨特色净土健康产业，有效增强当地发展内生动力，助力拉萨产业升级发展。

3. 开拓工作思路，加大双向合作

除直接经费援助，应积极探索如科技人才培养、科技创新政策管理研讨、研究项目资助、科研用品、设备捐赠等技术援助形式。紧密京拉两地互通力度，组织协调促成拉萨城关区、堆龙德庆区、尼木县、当雄县农（畜）牧局与北京对口支援区（县）农业局的交流交往交融力度，达成因地制宜、突出优势的对口支援协议。发挥首都科技优势，设立专项科技合作计划，与拉萨共建科技园区、联合研究中心等，向拉萨提供包括技术咨询、技术培训、信息接入服务等不同形式的农业科技援助。健全干部人才常规性双向交流机制，形成干部人才"进得来、用得上、留得住"的政策环境。

4. 动员企业和社会参与，放大援藏力量和效果

鼓励引导两地开展协同创新，发挥中关村等北京科技资源辐射带动作用，促进首都农业科技成果在拉萨落地和转化，加强科技领域的广泛交流，支持受援企业和社会机构大力开展科技创新，鼓励北京农业科技园区和相关企业在拉萨设立分支机构，助力拉萨农牧业发展。

执笔人：陈玛琳

专题三 首都农业科技对赤峰地区的辐射带动作用

一、调研背景及调研基本情况

为落实北京市支援合作办工作指示精神，推进北京市与赤峰市对口援助工作实现精准对接，充分发挥首都农业科技对内蒙古赤峰现代农牧业的辐射带动作用，为内蒙古赤峰市现代农业发展提供强有力支撑，课题组2016年8月1—4日期间赴内蒙古赤峰市进行了深入调研。

本次调研工作得到了赤峰市发改委、赤峰市农牧科学院及相关旗县人民政府的高度重视。赤峰市农牧科学院对调研组的调研日程安排进行了精心组织和安排，赤峰市农牧科学院副院长刘汉宇和办公室副主任曹磊全程陪同参加调研，调研旗县主管领导及相关部门领导陪同参加了各自旗县所涉及的调查点的调研工作并对调研点情况进行了详细介绍。调研组在4天时间里实地考察了敖汉旗和克什克腾旗，累计走访了和美"品质赤峰"展厅、赤峰市农牧科学院成果转化企业、敖汉旗惠隆杂粮合作社杂粮基地、克什克腾旗可追溯羊基地、白音敖包可追溯肉羊基地和"品质赤峰"达里湖分中心等6个示范点。8月2日下午，调研组与赤峰市相关部门进行了座谈交流，听取了赤峰市发改委、农牧科学院相关领导汇报，对北京与赤峰对口协作、赤峰市农牧产业发展和赤峰市农牧业科技创新等相关情况有了较为全面了解，并对下一步可以开展的农业科技对接工作进行了深入探讨。

二、赤峰地区农牧业产业现状

（一）赤峰市总况

赤峰市位于内蒙古自治区东南部，蒙冀辽三省区交汇处，全市总面积9万平方公里，辖3区7旗2县，有蒙、汉、回、满等30多个民族。总人口 464.3 万人，是内蒙古第一人口大市，约占内蒙古人口的五分之一，其中农牧民人口 361 万人。赤峰地处中维度，属中温带半干旱大陆性气候区，年均降水量 380 毫米；地形地貌情况复杂多样丘陵起伏，结构为"七山一水二分田"，大体分为四个地形区：北部山地丘陵区、南部山地丘陵区、西部高平原区、东部平原区。

近年来，赤峰市深入实施"生态立市、工业强市、科教兴市"战略，加快推进农牧业产业化进程。2015 年，全市生产总值 1 861 亿元，占自治区的 10.3%，位列全区第 5 位，其中一产增加值 277 亿元，为全区第一。全体居民人均可支配收入 16 302 元，城乡居民人均可支配收入分别达到 25 195 元和 8 812 元。

（二）赤峰市农牧业发展成效

"十二五"时期，赤峰市坚持以集约高效节水为主攻方向，实施了农牧业"1571"工程，全市农牧业综合生产能力显著增强，农牧民收入稳定增长，经济结构不断优化，产业化经营平稳运行，科技水平明显提高，农畜产品质量安全体系进一步完善，规模化水平不断提升，基础设施和机械化装备水平明显改善和提高，农牧业经济取得显著成效，为赤峰市经济发展和社会进步提供了基础性支撑，也为"十三五"农牧业经济实现新发展奠定了坚实基础。

1. 主要农畜产品产量快速增长，农牧业综合生产能力显著提高

"十二五"期间，赤峰市主要农畜产品全面丰产丰收，全市粮食连续四年稳定在 50 亿千克以上，连续三年被评为"国家粮食生产先进市"，家畜存栏超过 2 000 万头（只），连续 10 年居自治区首位。赤峰市杂粮种植业具有资源优势、生产优势和品质优势，年种植面积在 1 400 万～1 500 万亩，主要以谷子、荞麦、绿豆、高粱、向日葵为主，种植面积和产量居自治区之首。

2. 优势产品区域布局基本完成，主导特色产业初具规模

"十二五"时期，赤峰已基本形成了地区特色鲜明、资源优势互补的农畜产品区域布局，蛋鸡产业、生猪产业、肉羊产业、肉牛产业、饲草产业成为赤峰优势主导产业。全市现有规模以上粮食加工企业 151 家，年销售收入 100 亿元以上；肉类加工企业 82 家，年销售收入 90 亿元；蔬菜加工企业 29 家，年销售收入 30 亿元；乳品加工企业 6 家，年销售收入近

10 亿元；杂粮杂豆、中药材、笤帚苗等经济效益好、发展潜力大的特色产业已初具规模。

3. 草原生态保护与建设成效显著，草原生态环境进一步改善

围绕建设祖国北疆生态安全屏障，大力开展草原建设和基本草原保护工作，全面落实退耕还林、退耕还草、京津风沙源治理等生态建设工作，有效采取封育禁牧、休牧、化区轮牧等保护措施，草原生态环境进一步改善。"十二五"期末，赤峰市天然草原植被覆盖率达到 58.9%，比"十一五"期末提高 28 个百分点。

4. 农畜产品加工能力明显增强，农牧业产业化经营稳步发展

农畜产品加工转化率达到 65%，比"十一五"期末提高 3 个百分点，涉农国家驰名商标和自治区著名商标分别达到 10 个和 55 个。"十二五"期间，13 个农畜产品加工业重点园区入驻企业总数达到 240 家，市级以上农牧业产业化重点龙头企业 264 家，其中国家级 5 家，自治区级 91 家。投资在千万元以上的农牧业产业化重点在建项目 79 个，年销售收入 500 万元以上的农畜产品加工企业 460 家，年交易额 500 万元以上的农牧业产业化流通企业 91 家。

5. 农牧业科技水平逐步提高，支撑和保障作用明显增强

赤峰市主要农作物良种覆盖率达到 96.6%，牲畜改良率达到 96.5%，落实农业部高产创建示范面积 66 万亩；松山区被农业部认定为国家级杂交玉米种子生产基地和国家现代农业示范区。培育科技示范户 1.45 万户、新型职业农民 2 076 名，杰出农村牧区实用人才 100 名。"十二五"期末，赤峰市农牧业科技贡献率达到 75%。

6. 农畜产品质量安全监管和重大动物疫病防控扎实到位

赤峰市农畜产品质量安全监管和检验检测体系进一步完善，主要农畜产品抽检合格率保持在 96%以上，饲料质量安全监督检测总体合格率达到 96.8%。建立无公害农产品认证面积 489 万亩，绿色食品认证面积 7.23 万亩，有机食品认证面积 7.23 万亩，获得"三品一标"认证的农产品达到 325 个。"十二五"期间未发生重大农畜产品质量安全事件和重大动物疫情。

7. 新型经营主体培育初见成效，经营体制改革进展顺利

赤峰市积极推进农牧业适度规模经营和土地草牧场承包经营权流转，农牧业规模化和集约化水平不断提升。"十二五"期末，全市土地草牧场流传面积达到 950 万亩，土地、草牧场流转率分别比"十一五"期末提高了 21.7 和 5.1 个百分点。全市种养大户达到 10.4 万户，家庭农牧场800 多个，农牧业专业合作社 1.5 万家。

8. 农牧业基础设施明显改善，机械化装备水平显著提高

"十二五"期间，赤峰市农牧业基础设施得到进一步加强，2014 年设施农业达到 101 万亩，占内蒙古自治区设施农业总面积的 50%以上。节水灌溉人工草地累计保有面积达到 136 万亩，节水露地蔬菜、谷子膜下滴灌和节水马铃薯面积达到 126.8 万亩。农牧业机械总动力达到 609 万千瓦，大中型拖拉机保有量达到 9.7 万台，农机综合作业水平达到 71%，较"十一五"期末提高 12 个百分点。

(三) 新形势下农牧业发展遇到的主要问题

1. 杂粮选育对品质的重视程度不够

随着生活水平的提高，人们对杂粮的需求越来越大，对其品质要求也越来越高，很多传统的农家品种，如毛毛谷、大金苗等，都具有良好的适应性和品质。但是杂粮育种和栽培的科研方向仍以产量为主，造成了品质优良的农家品种提纯复壮后审定比较困难，忽略了优质农家品种作为口粮的重要性，杂粮品种科研没有得到足够的重视。

2. 农业生态环境污染日益严重

长期以来，为了竭尽全力增加农产品供给，不断增加化肥和农药使用量，加剧了农业面源污染。秸秆还田也只停留在表面上，导致土壤养分含量不断降低。除此以外，赤峰某些作物追求节水、高投入高产出，过量使用地膜，但是回收率极低，成为影响环境的白色污染。

3. 农畜产品市场竞争力有待提高

放牧牛羊产品与舍饲牛羊产品、优良地方品种和普通牛羊品种都在一个平台上竞争价格，品质优势难以体现；在消费者方面也没有形成差异化消费。并且许多农畜产品是企业厂家自己认证和追溯的，缺乏第三方监管，产品品质在消费者心中的可信度不强。

4. 农牧业产业发展基础仍较薄弱

农牧业基础设施建设滞后，防灾抗灾救灾能力有待进一步增强。另外产业发展资金短缺，项目资金整合困难，高效节水农牧业建设、良种繁育、品牌宣传等重点工作资金投入不足，在一定程度上制约了农牧业产业发展，特别是粮、肉、菜、乳、草主导产业的提档升级。

5. 产业化龙头企业带动能力不强

农牧业产业化龙头企业整体实力和辐射带动力不足，而且由于利益驱使和信用意识淡薄，企业与合作社、农牧户之间的利益联结方式还存在运作不规范、管理不健全、监督机制和违约仲裁协调机制缺乏等问题，利益分配不畅制约了农牧业产业化经营和农牧民增收。

（四）"十三五"农牧业发展工作重点

2016 年，赤峰市委、政府提出以优化结构、提质增效为核心的现代农牧业重点工程即"3661"工程，意义在于由过去重"粮、肉、菜、草、乳"的数量型农牧业，向以"转方式、调结构、强科技、增绿色、补短板"为主要内容的数量、质量、效益并重转变。

1. 因地制宜创新生产关系，发展创新农牧业

一是加快推进农村牧区土地确权登记工作，按照自治区要求，做好全市农村土地承包经营权确权登记颁证和草原确权承保工作，加大对种养大户、家庭农牧场、农牧民专业合作组织等新型经营主体的培育扶持力度，加快构建新型农牧业经营体系，提高农牧民组织化程度；二是推广土地"田保姆"式托管服务；三是建立实施现代农牧业差异化、精准化考核与产业发展基金定向激励机制，引导农牧业向规模化、标准化、产业化、集约化方向发展，加快提高发展质量和经济效益；四是极培育运行良好，组织严密的农牧业合作社。

2. 加快农牧业供给侧结构性改革，发展品质农牧业

一是突出抓好农牧业结构调整，坚持以水定粮、以草定畜、优粮优畜，合理控制数量，重点提高质量和效益；二是逐渐压缩玉米种植面积和农区牛羊数量、适度发展雨养农业，开展杂粮品种育种；三是积极发展"粮改饲"，在稳定粮食生产能力的前提下，统筹发展种养业，形成粮草兼顾、农牧结合的新型农业结构，以缓解粮食供需矛盾，特别是饲料粮缺口问题。

3. 突出重视环境问题，发展生态型农牧业

一是重点实施"三减两增一回收"，即减水、减肥、减药，增加秸秆还田和有机肥，回收地膜；二是完善秸秆还田机制，重点研究完善秸秆还田的方式、方法和补贴机制；三是探索实行耕地轮作休耕制度试点，统筹粮食安全和生态安全，开展轮作休耕试点，制定科学缜密的轮作休耕试点方案，重点在生态严重退化区开展试点；四是加强农业生态保护与建设，提升与资源承载能力和环境容量的匹配度。

4. 加强农牧业基础设施建设，发展现代农牧业

一是大力发展高效节水农业，以集约节水增效为重点，深入推进一批高效节水农业示范工程，到 2020 年建成中国北方高效节水农业示范区；二是加快发展现代设施农牧业，重点打造设施蔬菜、设施瓜果、设施食用菌三大产业；三是突出抓好现代设施畜牧业基地建设，重点推进肉牛、肉羊、生猪、家禽规模化、标准化、现代化设施养殖；四是不断提高农机装备水平，重点推广机械化深松、秸秆还田、机械化旋耕等。

5. 全面提升农牧业产业化水平，打造品牌农牧业

一是构建以现代农牧业为主导、以农村牧区二、三产业为补充的"种养加、产供销、农工商"一体化生产经营体系，形成服务京津冀地区、面向环渤海经济圈和全国市场的农畜产品生产、加工、输出全产业链条体系；二是支持工商资本和社会资本参与农牧业生产，因地制宜发展一批生态安全、特色突出的农牧业产业基地、农畜产品出口基地和现代化农牧业示范园区；三是完善龙头企业与产业基地、合作组织、农牧户之间产业共建、风险共担、利益共享的联结机制；四是以绿色品牌为方向，打造体现赤峰地域特色的农畜产品品牌，提高赤峰产品市场认可度和市场占有率，建成"环渤海"地区绿色品牌农牧业强市。

三、北京在赤峰地区的对口援助情况

（一）北京对农牧业的对口援助情况

"十二五"期间，赤峰市共实施京蒙对口帮扶项目 110 个，争取北京市"重点地区帮扶资金" 20 966.5 万元，北京市财政资金 7 000 万元。项目涵盖了设施农牧业、商贸流通、社会事业、整村推进、基础设施等多个领域。随着这些项目的相继建成及投入使用，赤峰市贫困地区老百姓的生产生活条件得到了明显的改善和提升。

1. 扶持一批农牧业产业扶贫项目

阿鲁科尔沁旗、巴林左旗、克什克腾旗、敖汉旗、林西县、松山区等旗县区实施的设施农牧业项目，带动 6 万户农牧户脱贫致富，每年可使农牧户户均增收 3 万元；翁牛特旗等旗县实施的蔬菜交易市场项目，带动果树种植基地 18 万亩，每年可使 3 万户种植户户均增收 3.6 万户均增收，安置就业 6 万人，在有效解决农副产品销路不畅、价格偏低问题的同时，还推动了本地区农牧业发展规范化、标准化进程；巴林右旗实施的整村扶贫搬迁项目，不仅有利于当地改善生态环境，还使 155 户 814 名农牧民住上了环境整洁的砖瓦房，饮用上安全水，生产生活有了可靠保障，户均增收 2 万元，水利项目建成后，项目区受益人口 8 500 人左右，受益牲畜为 3 万头（只）左右，灌溉面积 1.5 万亩。与此同时，北京昌平栗子蘑种植、亚盛赤峰家育种猪养殖及现代示范农场、首农集团辛普劳优质牧草示范基地等重大项目相继进入赤峰，进展也十分顺利。

2. 筛选一批农牧业优势特色产业项目

在项目行业领域的布局上，更加突出了符合地域特点和产业优势的原则，如昭乌达肉羊养殖基地项目、巴林左旗的笤帚苗项目、宁城县的设施农业项目、阿鲁科尔沁旗的小米种植项目等，都是当地的特色传统优势产业，扶贫带动效应和产业引领效应都很突出；在项目安排上，增加对东黎绒衫、套马杆酒业、独伊家牛肉、蒙都羊肉等一些有影响力的品牌龙头企业的扶持，利用帮扶资金"四两拨千斤"的效果，发挥这些龙头企业在行业引领带动、开拓北京市场和支持扩大就业的作用；在项目实施上，注重面向基层，主要是以村镇集体或者基础较好的农民合作社为主体，目的是发挥村镇集体和合作社+农户的带动致富效应，如左旗和林西的村镇集体养殖项目，阿旗和宁城的农民专业合作社肉羊养殖项目，敖汉和松山区的生猪养殖项目。

3. 创新一种农牧业产销支援模式

紧紧围绕赤峰市农牧业大市的资源优势，对接北京市中高端市场，以赤峰市品牌企业联合会和农牧业合作社联合会为依托，以赤峰市农牧科学研究院为主体，打造了一个单个体量最大的市级层面的平台项目"品质赤峰"。该整合了赤峰市 12 个旗县（区）上百家农牧民专业合作社，30 多家农畜产品生产加工企业的 400 余种特色有机绿色农畜产品入驻进行展示展销，并在北京市朝阳区 798 及赤峰市新城区和美建材城设立了"品质赤峰"文化推广中心，左旗、右旗、克旗、翁旗等旗县设立的分中心也在筹建之中。"品质赤峰"平台为赤峰市的企业和北京的消费者搭建了长年的展示、交流、体验平台，架起了赤峰特色优质产品与北京中高端市场的直通桥梁，将方便北京市民感受"品质赤峰"，认可赤峰品质，不断提升赤峰市特色优质产品在北京市场的影响力。2014年，在北京市商务委的大力支持下，在北京"品质赤峰推广中心"举行"品质赤峰"产品与北京知名餐饮企业对接会，永和大王、汉拿山、全聚德等15家北京市知名餐饮企业和"品质赤峰"平台25家成员企业与合作社参加了对接活动并签订了产品购销意向协议书。

（二）农牧业援助工作存在的问题

1. 援助方式不够灵活

当前赤峰对口支援工作由北京市对口支援办及赤峰市发改委统一管理，项目援助多集中在民生方面，农业项目占比较低，也缺乏专门的农牧业科技援助经费。而且，已有的农牧业援助项目重点也多在农牧业产业硬件设施建设中，对农牧业产业发展所需要的一些"软实力"不够重视，导致在实际操作过程中，容易产生项目重复建设、不形成合力效应的问题。

2. 人才智力方面的援助有待加强

当前赤峰农牧业发展亟须各类科技人才，不仅需要农牧业实用技术人才，更加需要农牧产品营销、市场拓展等方面的人才，现有援助培训方式已不能满足赤峰日益增长的智力需求。

四、赤峰地区农牧业发展的科技需求

通过本次调研，调研组认为赤峰地区农牧业发展的科技需求主要如下。

1. 引进人才，优化人才结构

引进专业化的科技优秀人才，为赤峰市现代农牧业发展提供智力支撑，建设农牧业人才队伍，更好的进行科技成果转化，提升赤峰农牧业发展水平。

2. 加大与在京科研单位的合作力度

利用赤峰优良的自然地理环境和交通便利条件，建设条件完备、布局合理的农牧业中试基地，吸引北京农业科研单位在此进行科学实验，筛选适宜赤峰的农牧业科技成果就地转化，并进一步推广应用，促进农牧业科研成果的产业化。

3. 推动农牧产品提档升级

对接北京消费市场要求，进一步开发赤峰特色农牧产品，延长农牧业产业链。依托"品质赤峰"平台打造风干牛肉、小米粥、沙棘汁、杏仁露等赤峰特色产品品牌，积极开拓北京市场。

五、完善北京对口援助政策的建议

1. 设立农牧业专项援助资金

由于农牧业发展的复杂性和长期性，建议在对口支援资金中设立农牧业专项资金，避免农牧业项目重复建设和产业同质化发展，真正解决农牧业发展中出现的实际问题。

2. 继续支持"品质赤峰"平台建设

"品质赤峰"市场推广工作已经展开，北京和赤峰两地的推广中心已经开业，各个分中心试点也正加紧推进，建议对该项目滚动扶持，努力将"品质赤峰"打造成京蒙帮扶直接联通两地优势资源、实现互利双赢的标志性项目。

3. 加大人才智力资源方面的援助

借助北京全国科技创新中心的资源优势，结合赤峰市农牧业发展需求，积极开展多领域科技合作，有针对性地向赤峰市推介输出技术、成果和人才，为赤峰农牧业科技创新注入强大外力。同时，进一步做好对接服务，努力营造互惠互利、合作共赢的良好新环境。

执笔人：赵姜

专题四 首都农业科技对乌兰察布的辐射带动作用

一、调研背景及调研基本情况

为研究在北京疏解非首都核心功能的新形势下，如何结合受援地区的需求，充分发挥好首都农业科技对受援地区的辐射带动作用，使首都农业科技在受援地区的推广应用和成果转换更具实效性，由"输血"向"造血"转变，2016 年 7 月 25—28 日，赴内蒙古乌兰察布市开展京蒙帮扶项目的调研。

本次调研工作得到了乌兰察布市发改委、农牧局市及相关旗县的高度重视。乌兰察布市农业局对调研组的调研日程进行了精心组织和安排，副局长赵美丽全程陪同参加调研，调研旗县主管领导及相关部门领导陪同参加了所涉及的调查点的调研工作并对调研点情况进行了详细介绍。先后考察了内蒙古薯都凯达食品有限公司农产品深加工基地、院士基地、察哈尔右翼中旗百川牧业、察哈尔右翼中旗万亩油菜基地等京蒙帮扶项目。就乌兰察布市农牧业发展现状、京蒙对口帮扶农业项目的进展情况、"十三五"的科技需求与乌兰察布市农牧局、市发改委、察右中旗县有关人员进行座谈。

二、乌兰察布农牧业产业现状

（一）乌兰察布市总况

内蒙古乌兰察布市位于内蒙古自治区中部。东邻河北省，西邻呼包二市，南与山西接壤，北与蒙古人民共和国交界，东北与锡林郭勒盟相连，是内蒙古中西部地区通往内地的重要门户。全市辖 11 个旗县市区，总人口 287 万人，其中农牧业人口 210 万人，农村牧区从业人员 85 万人。土地总面积 5.45 万平方公里，耕地总资源 1 363万亩。地处中温带，属干旱半干旱大陆性季风气候，四季特征明显。

乌兰察布市是全国"马铃薯之都"（简称"薯都"），全国四大冷凉蔬菜主产区之一，草原牛羊肉质驰名。每年农作物总播面积1 000万亩左右，粮食作物播种面积800万亩左右，正常年景粮食产量12.5亿千克。牧业年度家畜存栏800万头只，肉类和鲜奶产量分别为37万吨和87万吨。乌兰察布马铃薯、四子王杜蒙羊肉、察右中旗红胡萝卜、商都西芹、化德大白菜、四王子戈壁羊获得农畜产品地理标志认证。"草原人参"红胡萝卜、杜蒙羊肉、雪原乳业、田也杂粮、卓资山熏鸡、丰镇月饼等品牌农产品享誉全国。全市上下形成了高产、高效、生态、安全的现代农牧业架构。

（二）乌兰察布市农牧业发展现状

1. "十二五"期间农牧业取得的主要成效

"十二五"期间，乌兰察布市围绕马铃薯、蔬菜、生猪、肉鸡、奶牛、肉牛、肉羊和饲草饲料等主导产业，不断深化农村牧区改革，大幅增加农牧业投入，着力调优农牧业生产结构，加大科技推广力度，培育壮大龙头企业，加快农牧业产业化进程，有力推动了传统农牧业向现代农牧业的转变，农牧业经济得到持续健康快速发展。

（1）农牧业综合生产能力显著提升，保供给作用持续增强

"十二五"时期，大力发展现代农牧业，促进了农村牧区生产力发展，农牧业综合生产能力显著提高。一是种植业生产快速发展。粮食播种面积每年稳定在800万亩左右，2015年粮食产量11.25亿千克，比2010年增加3.35亿千克，增幅42.4%，年均增长7.3%。马铃薯播种面积每年稳定在400万亩，鲜薯产量440万吨；蔬菜播种面积77.3万亩，产量280万吨；二是畜牧业生产稳中有升。牲畜存栏年均稳定在800万头只。2015年肉类产量达到33.8万吨，比2010年增加9.9万吨，增幅41.4%，年均增长7.2%；牛奶产量86.6万吨，比2010年下降5.1万吨。2015年农牧业总产值406.2亿元，较"十一五"末增长1.7倍。农牧民人均纯收入2015年达到8 427元，同比增长8%。

（2）农牧业结构和发展方式不断优化，发展路径更加科学

乌兰察布坚持走特色路、打绿色牌，建设了面向京津的绿色农畜产品生产加工输出基地，形成了马铃薯、冷凉蔬菜、生猪、肉牛肉羊、杂粮杂

豆和奶牛等六大优势特色产业，区域布局更趋合理。种植业方面，围绕水浇地和滩川耕地，扩大高效节水设施农业种植规模，以喷灌、滴灌为主的高效节水灌溉面积发展到 255 万亩，占全市耕地面积的 27%，成为乌兰察布市优势特色产业发展的一大亮点。马铃薯产业，以后山五旗县和兴和县北部地区为重点，建设马铃薯产业带，优质种薯发展到 80 万亩，"薯都"地位进一步巩固。冷凉蔬菜以前山地区六旗县和商都县、化德县为重点，建设面向首都的冷凉蔬菜供应基地。养殖业方面，牧区和丘陵山区以杜蒙肉羊养殖为重点；滩川区以猪鸡和奶牛养殖为重点。发展规模养殖场发展813 家，奶牛、肉羊和生猪规模化养殖比例分别达到 80%、54% 和42.4%，较"十一五"末分别提高 60、12 和 18.5 个百分点。

（3）农牧业产业化取得积极进展，市场竞争力不断提高

依托"建设全区绿色农畜产品生产加工输出基地核心区"这一战略定位，按照《乌兰察布市绿色农畜产品生产加工输出基地发展规划》，形成了以"农牧业产业化为抓手，促进一二三产联动发展"的全产业链发展模式，农牧业产业化取得了长足发展。集宁区现代农业产业化示范基地被农业部认定为国家农业产业化示范基地。农畜产品加工能力增强。2015年，年销售收入 500 万元以上农畜产品加工企业发展到 151 家，比 2010年增加 26 家；完成销售收入 230 亿元，实现增加值 77 亿元，分别比 2010年增长 58.6% 和 63.8%。市级以上农牧业产业化重点龙头企业 83 家，其中自治区级农牧业产业化重点龙头企业 25 家，国家级龙头企业 1 家。蓝威斯顿、雏鹰、中地等上市龙头企业相继落地乌兰察布，有效地带动了乌兰察布市农畜产品加工转化能力的全面提升，并有效带动农牧户 34 万户。同时，农产品电子商务发展态势良好。借助阿里巴巴、京东等第三方平台和自建电子商务平台以及微商平台，实现肉类加工品、奶制品、杂粮杂豆及其马铃薯、果蔬等各类农畜产品线上销售。

（4）农牧业科技推广体系日益完善，支撑和推动作用突出

围绕特色产业和主导产业，加强新品种、新技术的选育引进、示范推广。逐步形成完善的种薯良繁体系及杜蒙肉羊良种繁育体系，马铃薯良种推广率达到了 95%，奶牛良种和牧区的肉羊良种实现了全覆盖。推广了玉米全膜覆盖双垄沟播栽培技术，亩产增幅 34%。推行了土壤健康工程，实施测土配方施肥和有机质提升项目，耕地质量保护和提升效果显著。农技推广体系建设日趋完善，现有市县乡三级农技推广机构 259 个，农技推

广人员 3 920 人，成立了蔬菜和生猪院士工作站，马铃薯和肉羊院士工作站正在积极筹建。建立健全市县乡三级农畜产品质量安全监管和检验监测体系。开展了"千名科技人员下基层服务"活动，实施了新型职工农牧民培育工程，组建了马铃薯、奶牛等 6 个产业技术服务团队，"一对一、点对点"服务绿色农畜产品"四大基地"，实现规模种养园科技人员全覆盖。综合性技术推广应用成效显著。

2. 新形势下农牧业发展遇到的主要问题

（1）农牧业基础设施薄弱，比较效益低

农田、草牧场基础建设滞后，物质装备和规模经营水平仍较低，靠天吃饭、粗放经营的局面仍然没有改变。加之与国内外农畜产品价格倒挂的矛盾日益突出，农牧业比较效益低。一方面，农牧业生产成本快速攀升，农畜产品价格弱势运行，导致农牧业比较效益持续走低；另一方面，主要农畜产品价格已高于进口价格，农牧业补贴已经接近世贸组织规定的上限。成本"地板"与价格"天花板"给农牧业持续发展带来双重挤压。

（2）科技服务体系不健全，劳动力老龄化

科技服务体系不健全，质量安全监管手段落后，过度使用化肥、农药、地膜导致农业面源污染、耕地质量下降的现象较为突出，加之农牧业兼业化、粮食生产副业化、农村牧区空心化、农牧业劳动力老龄化日趋明显，"谁来种地养畜"的问题日益突出，制约了农牧业技术推广有效开展。

（3）农牧业产业化程度偏低，产业链条短

尽管乌兰察布市目前特色产业规模优势已经形成，产品品质优良，但整体上产业化程度低，特别是缺乏大型龙头企业带动，精深加工能力不足，产品附加值较低，产业链条短，市场营销和品牌打造方面差距较大，整个产业效益没有充分发挥。

3. "十三五"农牧业发展工作重点

"十三五"乌兰察布将紧紧围绕服务和保障京津的目标定位，发挥好独特的气候、区位、交通、市场优势，以优势特色为突破口，调整优化农牧业结构，突出抓好马铃薯、冷凉及设施蔬菜、生猪、以燕麦为主的杂粮杂豆四大优势特色产业；巩固提高肉羊肉牛、奶牛、饲草料、肉鸡传统产业。建设面向京津的绿色农畜产品生产供给基地围绕"五化"做文章。

一是特色化。立足乌兰察布市气候、地理及区位比较优势和产业化发展基础，确立"四种""五养"为主导产业，即：种薯、种菜、种草、以燕麦为主的杂粮杂豆产业；养猪、养鸡、养牛、养羊、林下经济特色养殖业；二是规模化。以规模化种养为抓手，突出发展设施种植业，主抓标准化规模养殖场建设，特色积聚生产要素，每个旗县发展 2~3 个农业示范园区；三是标准化。按照标准化生产技术规程，对不同产业不同旗县每年选择几个示范园，开展标准化生产示范，推广先进技术，提高科技含量，达到提质增效。大力发展现代种业，争取每年打造一批高标准国家级标准化种植基地和养殖场，同时要规范种子市场，加强种业企业管理，做大做强种业；四是品牌化。加大"三品一标"认证力度，建立奖励机制，鼓励龙头企业创建品牌，争取将乌兰察布特色优势主导产业全部纳入地理标志认证体系，积极推动乌兰察布名优特农畜产品出区进京免检，加快产品追溯体系建设，打造绿色有机农畜产品品牌。五是产业化。积极引进、扶持、壮大农牧业龙头企业，进一步创新利益联结机制；积极引进和培育农村电商，大力发展冷链物流，积极引进物联网等新成果新技术，扩大市场覆盖面，实现优质优价，进一步延伸产业链条，推进全产业链开发，形成一二三产融合发展的现代农牧业发展格局。

三、北京在乌兰察布地区的对口援助情况

（一）"十二五"期间北京对当地的对口援助成效

加强北京市与内蒙古区域合作和对口帮扶工作，是国家扶贫开发战略的重要组成部分，是促进区域协调发展的重要举措。近 20 年来，京蒙两地区域合作不断深入，以 2010 年签订的《北京市人民政府—内蒙古自治区人民政府区域合作框架协议》（以下简称"框架协议"）为标志，两地合作发展和对口帮扶工作进入了新的历史时期。"十二五"期间，帮扶区域由原来分散在全自治区 8 个盟市变为紧邻北京的赤峰、乌兰察布两市，把北京的优势与当地的资源、区位、劳动力等优势集聚结合、集中帮扶。乌兰察布市作为 2010 年新一轮京蒙区域合作和对口帮扶的重点区域之一，在北京市和内蒙古自治区党委、政府的共同推动下，工作机制不断完善，对口帮扶扎实推进，经济合作交流全面展开，各方面都取得了明显成效。

1. 工作机制逐步完善

自"框架协议"签订后，乌兰察布市建立了以市长为组长的"北京

市—乌兰察布市对口帮扶合作工作领导小组",定期开展沟通交流,统筹推进京蒙帮扶合作工作。在市发改委设立对口帮扶合作办公室,承担对口帮扶合作各项具体工作的组织实施和监督检查。建立对口区县工作联动机制,北京市8个区县与乌兰察布市8个旗县(市、区)建立结对帮扶合作关系,配备干部人才队伍,挂职干部积极发挥联系两地桥梁纽带的作用,引进北京市区县帮扶资金和物资。加大政府资金投入,帮扶资金建立8%的年度资金增长机制,自治区按照1∶1配套。在资金实用上,制定了帮扶合作管理办法,包括《乌兰察布市京蒙对口帮扶项目及资金管理实施细则》《乌兰察布市京蒙对口帮扶合作贷款贴息资金管理办法实施细则》等多项工作制度,明确了资金使用方向,提高资金使用效益。各项工作机制的完善,为做好京蒙帮扶合作工作提供了坚实的制度保障。

2. 区域合作深入推进

"十二五"期间,两地充分发挥比较优势,不断拓宽区域合作的广度和深度,推进绿色农副产品产销合作,北京将乌兰察布的冷凉蔬菜和马铃薯列入政府应急储备,支持乌兰察布农畜产品进入新发地批发市场和北京各大超市,双方合作建设冷凉蔬菜和马铃薯"双百万"基地,乌兰察布成为首都重要的绿色农畜产品供应基地,构建"在京研发销售、在内蒙古生产加工"的区域科技合作模式。北京市科委和内蒙古科技厅共同签署了《北京市科委内蒙古科技厅科技合作框架协议》,成立京蒙科技合作协调领导小组,建立联席会议制度,搭建交流平台。并建立了"乌兰察布技术转移工作站",依托共建的科技交流合作平台,开展常态化的技术转移和项目对接活动。为乌兰察布农牧业发展提供新品种、种养技术、绿色投入品、深加工和产品销售全程服务,形成了"科技成果入蒙、农畜产品进京"的互动双赢合作机制。乌兰察布市政府还与中关村科技园区管理委员会签署了《战略合作协议》,2015年成立乌兰察布中关村科技产业园,加强产学研合作和人才培养交流,为企业提升创新能力提供了技术支持和人才保障,乌兰察布为承接北京产业转移的重要地区。

3. 对口帮扶成效显著

以新一轮京蒙区域合作和对口帮扶为起点,截至2015年,乌兰察布市共实施京蒙对口帮扶项目90个,申请北京市和自治区帮扶及配套资金共计4.106亿元。其中共投入1.1亿万元实施农牧业帮扶项目23个,投入0.525万元实施产业类扶贫项目9个,建成日光温室大棚1 300座,万吨马铃薯储窖 2 座。借助京蒙对口帮扶合作平台，乌兰察布引进了北京二商集团、凯达恒业、北京原食公司等农业龙头企业，建设一批全自动薯条加工厂、精品猪肉饲养加工等农畜产品加工项目，投资总额达 33 亿元。带动一批贫困农牧民就业，帮助当地贫困农牧民稳定增收脱贫。北京现代农业科技创新服务联盟扶持内蒙古丰业生态发展有限责任公司发展蛋鸡养殖产业，集成企业、科研院所等创新资源实施"京蒙合作乌兰察布蛋鸡养殖科技扶贫"项目，探索出"科技创新+地方特色产业+电商平台"的精准扶贫模式。2015 年，天安农业与察右中旗和察右后旗的多家土豆和胡萝卜种植合作社签署了合作协议，将这些合作社变成天安农业在内蒙古的生产基地，并在这些基地推广应用蔬菜生产管理系统、质量安全追溯管理系统、储藏保鲜技术和冷链流通技术。收获的产品在天安农业进行加工包装，销售到北京的各大商超。通过京蒙帮扶项目对接、技术应用与推广、生产基地建设，延长乌兰察布农牧业产业链条。

（二）农业援助工作存在的问题

1. 以基础设施建设为主，扶持"造血"能力弱

以 2015 年京蒙帮扶项目为例，共实施 20 项，申请北京市帮扶资金4 942万元，但农牧业相关项目仅 5 项，帮扶资金 892 万元，仅占总经费的 18%。从项目内容看，仍以农业基地设施建设为主，直接的技术、智力输入性项目少，扶持地方造血能力不足。

2. 平台带动力度仍显不足，社会参与度不高

目前虽借助京蒙帮扶合作平台，引进了一些企业，实施农产品加工项目，但数量不多，还未能解决乌兰察布农牧业产业链条短、产品附加值低的问题，需要进一步加大推介力度，加强招商引资，提高社会资本参与度。

四、乌兰察布地区农牧业发展的科技需求

1. 助力乌兰察布精准扶贫脱贫

"十三五"是扶贫开发的攻坚期，自治区政府提出 2017 年率先脱贫的目标，京蒙对口帮扶合作是全国扶贫开发工作的组成部分，借助京蒙对口帮扶合作平台，希望能突出精准扶贫、精准脱贫，通过扶贫开发机制创新，实施扶贫项目，精准甄别致贫原因，加大智力帮扶、社会事业帮扶，

在资金上协助地方建立针对特困人群的救治帮扶基金，为乌兰察布实现提前脱贫目标发挥积极作用。

2. 支持建设绿色农畜产品供应基地

继续推进绿色农畜产品"产地挂钩"合作，通过项目、技术支持，发展设施农业，建设大型蔬菜种植基地及奶牛、肉牛和肉羊养殖基地，提高乌兰察布农畜产品对北京的供应能力。支持集宁区农畜产品质量安全检验检测站建设，加强乌兰察布农畜产品质量保障体系。并针对目前乌兰察布农畜产品加工小而散的问题，希望引导鼓励北京龙头企业在乌兰察布发展农畜产品精深加工，共建食品加工园区，借助北京资金、管理、技术、市场的优势与乌兰察布的自然资源优势有机结合，打造一批绿色知名品牌，实现乌兰察布农畜产品加工输出标准化、生态化、安全化和高端化。

3. 推进特色农畜产品产销合作

乌兰察布市农畜产品销售主要靠外地零散客商上门收购，缺少大型流通企业，农畜产品流通滞后，品质优势没有转化为品牌优势，质优价不优，急需引进大的采购商、经销商来乌兰察布落户，发展乌兰察布特色农畜产品在京流通服务体系。希望以北京二商集团、北京高校后勤物资联合采购集团、各大超市集团、批发市场等为重点，加强对接，在北京建立乌兰察布农畜产品直销窗口，进一步提高乌兰察布特色农畜产品市场占有率。

五、完善北京对口援助政策的建议

1. 加强现代农牧业合作，推进绿色农产品产销体系建设

加大向贫困地区涉农涉牧项目的投入力度，加快转变农牧业发展方式，改善农牧业生产条件，推进农牧业产业化、机械化、信息化建设，提高农牧业综合效益。以开拓特色农畜产品市场作为切入点，搭建农牧业合作平台，完善帮扶合作地区特色农畜产品北京市场准入和进京绿色通道建设。以京蒙帮扶资金为支撑，以乌兰察布特色优质产品生产基地、销售平台建设为抓手，总结"品质赤峰"平台建设经验，围绕生产加工基地建设、产品质量检验检测、展览展销市场建设、品牌宣传推广四个核心环节，积极搭建乌兰察布优质农畜产品推广平台，扩大农商、农超、农餐、农社专项对接，提高乌兰察布优质农畜产品在北京的市场竞争力。

2. 加强科技创新帮扶合作，促进科技资源有效对接

针对乌兰察布优势特色产业开展技术创新和关键技术、关键工艺、关键设备的研究开发和应用，加强与北京协同创新服务联盟的合作，开展联合攻关，在乌兰察布有条件的现代农业科技园区建立技术合作示范基地，开展新技术、新品种试验示范。推动北京先进技术在内蒙古进行中试、集成、加工，加强现代农牧业科技成果转化。共建产业技术研究院、企业研发中心、院士工作站、博士后科研工作站等创新平台，鼓励支持中关村从事检验检测、知识产权等专业化科技服务机构在乌兰察布设立分支机构，促进北京科技资源与当地科技需求有效对接。

3. 推进人才交流合作，建设人才交流培训体系

推动高端人才交流合作。依托京蒙开展的"科技北京"领军人才培养工程和内蒙古"草原英才"工程，通过援助计划、特陪计划、产学研项目合作等人才交流与合作形式，加快建立两地人才工程建设的联动互促机制，设立人才工作站，开展高层次人才交流合作；加强人才交流培训体系建设，进一步加强两地干部、农牧业专业技术人才交流培训，逐步形成多层次、宽领域的人才交流培训体系。

执笔人：陈玛琳

专题五　首都农业科技对巴东地区的辐射带动作用

一、调研背景及调研基本情况

为落实北京市支援合作办工作指示精神，推进北京市与湖北省巴东县对口援助工作实现精准对接，充分发挥首都农业科技对巴东县现代农业的辐射带动作用，为巴东县现代农业发展提供强有力支撑，课题组于2016年9月19—23日期间赴湖北省巴东县进行了深入调研。此次调研由北京市农林科学院王金洛副院长带队，院人事劳资处张峻峰处长、院农业科技信息研究所龚晶副研究员和付蓉副研究员共同参与。课题组考察了东瀼口镇羊乳山茶叶基地、湖北金果茶业有限公司、兴山县高桥乡贺家坪村、巴东电商产业园等地，并就巴东县农业产业发展现状、北京农业对口援助情况、未来农业发展科技需求等方面与巴东县政府办、三峡办、农业、林业、畜牧等部门进行了座谈。

二、巴东县农业产业现状

（一）巴东县总况

巴东位于湖北西部，有"川鄂咽喉，鄂西门户"之称，国土面积3 354平方公里，辖12个乡镇、322个村（社区），总人口49.86万人，其中，少数民族占50.5%。2015年末，全县常用耕地面积54.48万亩，有效灌溉面积5.93万亩，旱涝保收面积29.61万亩。全县矿产资源丰富，煤炭探明储量2亿多吨，煤矸石储量超过15亿吨，铁矿已探明储量5亿多吨，水能资源蕴藏量达170万千瓦。目前，已是全国西部农产品加工示范县、重点产煤和产粮大县、绿色食品原料生产基地，湖北省旅游强县、优质烤烟基地县、水果板块基地建设县和肉羊养殖示范区。2015年，全县完成生产总值888 451万元，按可比价格计算，比上年增长9.0%。其中，第一产业增加值 172 973 万元，增长 5.3%；第二产业增加值 366 977 万元，增长 8.4%；第三产业增加值 348 501 万元，增长 11.7%。全体居民人均可支配收入 11 661 元，比上年增长 11.7%。其中，农村常住居民人均可支配收入 7 893 元，比上年增长 10.5%；城镇常住居民人均可支配收入 21 058 元，比上年增长 10.1%。

（二）巴东县农业发展现状

2015 年，全县实现农业总产值 281 616 万元，其中，种植业总产值 154 616 万元，占农业总产值的 54%。全年实现农林牧渔业增加值 172 973 万元，较上年增长 5.3%。其中，农业增加值 90 508 万元，增长 3.6%；林业增加值 6 850 万元，增长 3.3%；牧业增加值 74 915 万元，增长 7.6%；渔业增加值 700 万元，增长 2.6%，农林牧渔服务业增加值 960 万元，增长 6.3%。总体来看，巴东县现代农业发展呈现如下特征。

1. 种植业内部结构日趋合理

巴东从产业发展实际出发，合理调整农业内部结构，狠抓柑橘、药材、茶叶、蔬菜、葛根等特色产业，建成农业万亩特色产业基地 55 个，特色产业专业村 63 个，全县板块基地建设规模不断扩大，经济效益明显提高。以"万亩乡镇千亩村"工程为抓手，推行"特色产业带+重点乡镇+产业园区"发展模式，引进龙头企业建设产业园区，壮大特色产业规模。2015 年主要农作物的种植情况如表 1 所示。

表 1　2015 年主要农作物种植情况

序号	名称	种植（基地/播种）面积（万亩）	年产量（万吨）	年产值（万元）
1	柑橘	11.50	6.0000	18 000
2	药材	21.02	2.1000	22 000
3	魔芋	6.30	6.5000	28 200
4	茶叶	5.60	0.1175	11 500
5	蔬菜	22.00	83.0000	23 000
6	粮食	97.14	22.2400	
7	油料	28.61	2.1000	

2. 产业化水平不断提升

一方面，企业发展活力增强。农产品加工规模企业达到 25 家，其中，省级重点农业龙头企业 2 家，州级重点农业龙头企业 23 家，超过亿元的企业 2 家。全年农业龙头企业加工总产值达到 21.6 亿元。另一方面，品牌建设力度不断加强，已成功争创湖北省品牌产品 6 个（如雷家坪椪柑、水布垭牌银杏酒等）和中国驰名商标 1 个（三峡牌白酒）。2016 年上半年已通过"三品"认证 10 个，复评认证 8 个。"三品一标"总数达到 48 个。"巴东玄参""巴东独活""巴东大蒜"已被国家商标总局批准为国家地理标志商标。全县有机食品认证 2 个，即"巴东大蒜"和"金果茶叶"。

3. 现代农业建设势头良好

测土配方施肥、农业机械应用、电脑农业推广、"万村千乡"市场工程和农村现代流通网络工程建设初步实现了由传统农业向现代农业的转变。发展农民专业合作社 300 多家（主导特色产业 111 家），省级示范社 6 家，农民组织化程度不断提高。名优特新品牌培育进一步加强，新增绿色无公害产品认证 5 个，获全省著名商标 2 个，巴东玄参通过国家地理标志保护产品审定和 GAP 认证。

4. 农业经营主体呈现出多元多样的发展态势

首先，经营主体在发展中壮大。一是农民专业合作社快速发展。截至 2016 年，全县运作的农民合作社达 224 个；二是专业大户、家庭农场方兴未艾。2016 年全县登记注册的各类专业大户、家庭农场已达到 9 个；三是农业龙头企业茁壮成长。2016 年共有州级以上龙头企业 25 家，省级 3 家，州级以上农民专业合作社示范社 29 家，销售收入过亿元的龙头企业 2 个。全县新型农业经营主体分布 12 个乡镇，主要集中在野三关、信陵镇、沿渡河等乡镇，带动农户 79 929 户。

其次，经营模式在发展中创新。各类新型农业经营主体充分发挥自身优势，相互促进，融合发展，采取订单农业、土地入股、保护价收购、利润返还等多种形式，与农户建立了利益共享、风险共担的发展模式。一是"龙头企业+合作社+农户"模式。如清太坪银杏种植专业合作社依靠湖北水布垭酒业有限公司市场资源等优势，发展银杏基地面积 1 000 亩，辐射带动周边野三关、绿葱坡、大支坪等乡镇农户种植面积 2 万余亩。二是"龙头企业+基地+农户"模式。

最后，经营环境在发展中优化。巴东在财力十分紧张的情况下，千方百计出台政策措施培育壮大新型农业经营主体。一是加大政策引导力度。县委、县政府先后出台了《关于加快现代农业发展的意见》《关于鼓励全民创业助推民营经济跨越式发展的决定》《关于支持小微型企业成长的意见》等文件，在资金、税收、水电、土地、登记管理等各个方面，为新型农业经营主体发展提供了优惠政策。将龙头企业、示范社、特色产业基地等农业产业化建设纳入县直部门、乡镇政府年度目标考核内容。

5. 农业科技水平有所提升

"十二五"期间，扎实开展了"农业科技落实年活动"，认真实施了"农业科技进村入户示范工程"，强化了"科技指导直接到户，良种良法直接到田"的科技推广新机制，组织全县农业科技人员深入生产第一线，每年采取现场会、培训会、送科技下乡活动，印发技术资料，开展技术承包和办科技联系点，示范点等多种形式和方法，大力推广新品种、新技术、新模式、新农械、新工艺。近几年来，共举办各类技术培训和专家讲座 100 多场次，编印各类科技书籍 1 000 余册，印发科技资料 3 万多份。2015 年，全县农业科技进步贡献率达到 58%，超过全国平均水平。

6. 现代农业链条不断延伸

乡村旅游、生态观光、休闲娱乐与生态农业精巧对接，现代农业链条不断延伸。把农业产业和旅游产业紧密结合，打造了一批荷花设施蔬菜观光园、将军山种养结合葛根休闲观光园、金果有机茶园观光园、神农溪油菜花卉乡村游等，带动项目区农民进行第三产业发展，增加收入，脱贫致富。

7. 畜牧业发展取得可喜成绩

畜牧业紧紧围绕"产业兴县"发展战略，以畜牧业产业链建设为主线，以创建"一县两区"（畜牧强县、省级肉羊示范区、无规定动物疫病区）为载体，突出畜禽标准化规模养殖、畜产品屠宰加工及安全监督、重大动物疫病防控、基层服务体系建设四大工作重点，转方式、调结构、强基础、优服务，畜牧业发展取得可喜成绩。截至 2015 年年底，全县生猪、山羊、牛、家禽出栏分别达到 72.6 万头、25.5 万只、0.68 万头、160.8 万羽；肉类总产量 78 963 吨，禽蛋产量 5 202 吨；畜牧产业总产值12.15 亿元，畜牧产业链综合产值 14 亿元。

（1）规模养殖势头强劲

全县出栏生猪 500 头以上规模养殖场 86 个，其中，万头养殖场 4 个，特别是官渡口镇正大天蓬牧业已投资 4 500 万元，存栏种猪 2 300 头，建成州内规模最大、省内标准化程度最高的 5 万头生猪繁育基地。全县存栏能繁母牛 10 头以上的规模养牛户 23 家，其中，总投资 2 000 万元的溪丘湾乡盛元牧业现存栏能繁母牛 254 头，成为全州最具有实力的牛肉养殖场。全县存栏山羊 100 只以上的规模养殖户达到 395 家，其中，沿渡河镇熊竹辉羊场存栏山羊 800 余只，信陵镇将军山羊场存栏山羊 500 余只。

（2）品牌创建取得一定进展

野三关镇神农世家公司有机富硒"野山猪"产品远销北京、深圳、武汉等大中城市，年销售额 800 万元；清太坪镇山地布衣公司的冰鲜鸡肉产品顺利挺进北京市场；茶店子镇楠柏公司通过与华中农业大学开展技术合作，开发出野猪肉干、牛肉、羊肉罐头、巴东扣肉、腊猪蹄等系列有机富硒食品三大类 10 余个品种，利用电商平台将产品畅销武汉等地市场。

（3）屠宰加工初具规模

全县现有生猪定点屠宰加工企业 13 家，年屠宰能力可达 25 万头。野三关惠丰牧业投资 400 万元的生猪屠宰改造项目已经建成投产，年屠宰加工生猪能力达 5 万头。

（4）流通服务能力不断提升

全县共建成畜禽产品批发农贸市场 15 个，肉品经营摊点 162 家，培育动物经纪人 387 人，共发展畜禽养殖专业合作社 485 个。

（三）巴东农业发展存在的问题

1. 农业生产专业化、组织化、标准化程度不高

一方面，农业特色产业布局不够集中，生产基地相对分散，缺少覆盖面大的专业化生产基地。另一方面，农业标准化水平不高，拉动力大的龙头企业少，部分农产品质量有待提高，市场竞争力不强。例如，柑橘基地建后管理水平低，产量不高，品质不佳，效益没发挥出来。玄参规范化种植基地虽通过 GAP 认证，但就全县范围而言，规范化种植覆盖面仍偏小，农户在中药材种植过程中仍存在农药、化肥残留，重金属超标等现象，产品质量难以保障；加之目前县域内中药材检测体系不健全，快速检测方法的研发滞后，产品无法依照 GAP 规范要求进行自检，进而无法达到 GAP

标准，造成收购价格偏低等。

2. 品牌经营理念缺乏

全县各产业虽已注册了各种商标，经过了绿色食品认证，地理标识认证等，但是，各类企业、合作社、农户等都没很好地利用其品牌的独有价值。同时，对"绿色、生态、有机、富硒"的地域性特色挖掘力度不够。因此，特色产业品牌不响、企业不强，未能将特色转化为效益。

3. 营销机制不健全

在"公司+基地+农户"的运作模式中，企业虽与农户签订订单，但是，未能形成利益共享、风险共担、相互制约的风险机制，也没有建立面向全国乃至全球的市场营销机制，只局限于内部消化。以中药材产业为例，县内又无药材集中交易市场，行业协会功能不健全，缺乏行业自律规范，重合同、讲诚信意识不高，合理的价格机制没有形成，价格和价值背离，竞相压价或抬价，无序竞争违约现象时有发生，对企业和药农都造成了极大的伤害和损失。

4. 服务体系不完善

这主要体现在如下几个方面：一是人才和科技力量匮乏。仍以中药材产业为例，中药材种植技术要求比农作物高，生产种植的各个环节均需要精细管理，否则将直接影响药材质量，所以人才和科技是发展中药材产业的重要前提。目前全县药学人员数量有限，且种植技术相对落后，管理人才同样匮乏，造成了中药材产业发展的桎梏；二是市场信息滞后。随着许多野生药物资源的枯竭，许多市场需求旺盛的药材价格一直居高不下，比如最普通的半夏、白芷等。但是，种植者没有搜集这方面信息，也没有对市场进行深入研究，导致"稀缺的高价药材市场缺口大，盲目种植的药材没市场"的尴尬局面；三是市场主体能动性不高。县政府对中药材产业扶持优惠政策有限，加之目前大的金融环境下企业融资困难，在一定程度上制约了中药材产业的发展。同时，企业自身也存在一定问题，没有长远的战略发展目标，导致药材产业发展速度缓慢。

三、北京在巴东县的对口援助情况

"十二五"时期，北京市委、市政府高度重视对口支援巴东工作，成立了对口支援工作专门机构，进一步加大了对口支援巴东工作力度，提出了对口支援巴东"力度不减、标准不降、重点不变"的新要求。五年间，北京市累计援助巴东资金及物资折合 3.01 亿元，占援助巴东资金总额的 50.93%，累计援助各类项目 58 个，互派干部挂职 53 人次，在京培训干部及各类技术人才 878 人次，在巴东培训各类人员 2 650 人次。在农业领域，北京市对口援助重点有以下几个方面。

（一）　北京市对巴东农业援助情况

1. 产业扶持成效显著

北京市一直把产业支持作为对口援助巴东的工作重点，积极引导企业到巴东投资兴业。先后引进北京时珍堂医药集团等企业在巴东投资建厂，初步发挥出带动当地产业发展的引领作用。市直部门积极支持巴东的产业发展，市农委每年安排 300 万元支持巴东有机茶、马铃薯良种繁育等基地建设，初步形成了"基地+农户+龙头企业"产业链。市农业局积极支持巴东畜牧业生产基地和产品检测机构建设，加强技术指导，强力推进巴东畜牧业发展。巴东特色产品富硒茶叶、水果、杂粮、白酒等进入首都市场，受到消费者欢迎。

2. 开展了多种形式的农业科技人才培训和信息化建设

围绕"科技兴农"开展了农业科技人才培训和信息化建设，就休闲农业、核桃、蔬菜等特色农业发展，积极与北京对接，邀请北京市农林科学院、北京农业职业学院、北京市植保站等部门专家教授到巴东田间地头指导农业生产，授课 8 次、专题培训 3 次。协助组织、圆满完成新型职业农民培育工作，先后开班 15 个，培训学员 880 人，取得了一定效果。信息化建设方面，邀请北京城乡信息中心调研指导"农民办事不出村""信息赶集"等活动 2 次，并在农业资源信息共享、信息平台建设等方面给予巴东支持。

3. 依托农业科技对口支援巴东畜牧业发展

近年来，北京市农业局及所属的北京市畜牧总站、动物疫病防控中心、信息中心先后支持巴东畜牧业产业发展项目资金 260 万元，培训畜牧兽医系统干部 100 余人次。北京油鸡研究中心刘华贵主任前往山地布衣生态农业有限公司开展了实地考察，认为该公司符合北京油鸡养殖条件，计划先为该公司提供 2 000 只北京油鸡试样，预计今年 10 月初到位。"十二五"期间，北京市农业局对口支援巴东县实施了如下项目（表 2）。

表2　"十二五"期间北京农业局对口援助巴东畜牧业项目

项目名称	项目来源	实施时间	投资额（万元）	主要内容	取得成效
巴东县动物疫病检疫检测项目	北京市动物疫病预防控制中心	2009—2011	80	完善县级兽医实验室设施建设，开展多种重大动物疫病检测	县级兽医实验室建设得到加强，动物疫病检测水平得到提升
巴东县生猪良种项目	北京市畜牧兽医总站	2012	50	引进良种母猪100头、良种公猪50头，改造生猪品改站100个	全县生猪良种繁育体系建设得到加强，良种资源得到合理利用
巴东县动物疫病防控疫情监测体系建设项目	北京市动物疫病预防控制中心	2013	60	建立动物疫情监测预警平台系统，开展动物疫情监测	动物疫情监测预警平台系统基本建成，监测水平得到提升
巴东县山羊布病净化项目	北京市农业局	2015	70	开展布病检测、监测等，建设4个山羊规模养殖场布病净化兽医室	建成4个山羊规模养殖场布病净化兽医室，布病监测实现常态化。

（二）对口援助工作存在的问题

1. 从"输血型"支援向"造血型"支援的转变有待进一步加快

"十二五"期间，根据巴东实际情况，北京市对口支援巴东项目主要向民生倾斜，开发具有当地特色，带动当地实施具备可持续发展潜力产业项目的论证和投资相对滞后。未来一段时期，北京市对口支援巴东应调整工作思路和支持方式，将项目支持重点由民生向产业转移，由基础设施、公共服务设施建设向优势产业、特色产业培育转移，帮助巴东培育新的经济增长点。

2. 智力支援内生动力有待进一步增强

目前，智力支援巴东资金主要依赖于外援，当地软件建设相对薄弱，急需通过对口援助增强巴东经济发展的内生动力。未来，需充分利用

"巴东教育现象"优势，逐步转向以开发、推动当地社会经济向智力主导的内生机制转变。

3. 对口支援工作与其他发展战略之间有待加强协调

随着城市化进程的加快以及长江中游城市群发展规划的实施，巴东的社会经济发展面临更高的要求。北京市对口支援巴东工作应在新形势、新视角下，从长江流域的整体经济社会发展大局出发，论证研究和调整对巴东的支援重点和方向。

四、巴东县农业发展的科技需求

巴东县农业发展需要先进的科学技术作保障，巴东农业发展自身科技力量不足，存在以下几方面的科技需求。

1. 硬件建设需求

需要加大对农业科技推广服务的资金投入，从而建设完善的硬件平台，为农业科技推广服务提供良好的硬件环境与设施。

2. 人才体系需求

急需引进、构建一支具备现代农业知识与现代农业经营管理知识的专业人才团队，形成良好的农业科技推广服务人才体系。同时，制定相应的奖惩机制与人才流动机制。

3. 建设县级农业技术研发中心

启动农业科技孵化器建设，进一步加强农业科技工作和农业高新技术的开发应用。研发中心的主要任务是：加强全县农业新品种的选育、推广、成果转化工作和农副产品深加工技术研究，围绕特色产业发展，用生物、信息和现代农业工程技术提升传统农业，组织开展农业特色产业关键技术、农产品安全生产技术、重大农业标准化技术和农产品精深加工技术的联合攻关，大力研究优质、高效、低耗、安全农产品生产技术和农产品的保鲜、贮运、深加工技术，从而促进农业向优质、高效、绿色方向发展，提高全县农产品的竞争力。

4. 建立县乡两级农业科技试验示范基地

试验示范基地是农技推广工作的重要阵地，是加速科技成果转化的重要措施，在农业科技成果开发及转化中起着非常重要的作用。"典型引路，全面推进"是农业科技成果转化的成功经验。通过示范基地建设，实现先进技术的适应性改进与技术组装配套，可为带动大范围区域发展提供成熟的模式、技术和经验。

五、完善北京对口援助政策的建议

针对巴东县农业发展存在的问题及提出的农业科技需求，结合北京市的资源优势，提出如下完善北京对口援助政策的建议。

1. 推动对口支援工作向多元化发展

继续加大对巴东的支援力度，促使对口支援工作向多层次、多角度和多领域方向发展。积极探索对口支援的新路子，坚持优先发展特色产业，加快发展农业龙头企业和农业高科技企业，促进北京、巴东两地企业积极开展经济合作，建立优质中药材和农产品基地；支持库区发展旅游业，协助开拓旅游市场；充分发挥首都科技、人才等各种优势，加大智力支持力度，进一步完善人才技术培训机制。

2. 完善对口支援项目的管理机制

要制定对口支援项目管理办法和支援资金使用管理办法，建立内部监督机制，严格执行管理制度，确保项目和资金安全。要建立对口支援项目管理信息系统，及时跟踪项目进展情况，做好动态管理。要加强项目档案建设，按照文件材料形成规律，制定统一的支援项目档案管理和档案分类方案、文件材料归档范围和保管期限表等相关的档案管理文件。

3. 明确不同领域的对口支援重点

应深入分析并依托巴东的资源优势和北京的技术、市场、信息优势，因势利导，实现优势互补。对产业的扶持，主要可以通过帮助编制生产力布局和产业结构优化调整规划，促进区域产业结构优化升级；通过技术帮扶促进农产品规模化、标准化生产，并帮助巴东特色优势农产品进京；积极开展库区移民培训与转移就业工作，努力提高巴东劳务队伍职业技能，缓解移民就业压力；积极推进两地产业合作，引导一批企业进驻巴东，开发民俗旅游及农业特色产业，促进巴东绿色繁荣，增强巴东造血功能。在产业帮扶的直接投资方面，主要可以通过投资农业产业园区的水电路讯等配套基础设施，搭建企业入园办厂的基础平台并提供相关便利条件。

4. 支持巴东农业产业链建设

协调引导北京市农业龙头企业到巴东县建立外部生产基地，搭建巴东特色农产品进京销售平台，继续支持巴东县参加北京"农业嘉年华"系列活动，为巴东农产品进京打通渠道，继续支持巴东县有机茶基地建设，增强巴东农业经济的可持续发展能力。

执笔人：龚晶

专题六　首都农业科技对十堰地区的辐射带动作用

一、调研背景及调研基本情况

为落实北京市支援合作办工作指示精神，推进北京市与十堰市对口援助工作实现精准对接，充分发挥首都农业科技对湖北十堰现代农业的辐射带动作用，为湖北十堰市现代农业发展提供强有力支撑，课题组 2016 年 8 月 22—26 日期间赴湖北省十堰市进行了深入调研。

本次调研工作得到了十堰市人民政府、十堰市农科院及相关区县人民政府的高度重视。十堰市对口协作办对调研组的调研日程安排进行了精心组织和安排，十堰市农科院院长周华平全程陪同参加调研，调研区县主管领导及相关部门领导陪同参加了各自区县所涉及的调查点的调研工作并对调研点情况进行了详细介绍。调研组在 4 天时间里走访了郧阳、丹江口、房县和茅箭 4 个区县，累计走访了湖北神运大龙山科技发展有限公司、谭家湾生态农业示范区、有机茶绿色防控生产基地等近 20 个示范点。8 月 25 日下午，调研组与十堰市相关部门进行了座谈交流，听取了十堰市发改委、农业局、科技局、农科院以及郧阳区、茅箭区相关领导汇报，对北京与十堰对口协作、十堰市农业产业发展和十堰市农业科技创新等相关情况有了较为全面的了解，并对下一步可以开展的农业科技对接工作进行了深入探讨。

二、十堰地区农业产业现状

（一）十堰市总况

十堰市位于湖北省西北部，汉江中上游，由秦岭山脉的东延部分、武当山脉和大巴山东段余脉所组成，是鄂、豫、陕、渝毗邻地区唯一的区域性中心城市。全市国土面积 2.4 万平方公里，辖四县（郧西、竹山、竹溪、房县）、一市（丹江口）、三区（茅箭、张湾、郧阳）及武当山旅游经济特区、十堰经济开发区，总人口 356 万人。

秦巴山片区是国家 11 个集中连片特困地区之一。根据国务院批复的《秦巴山片区区域发展与攻坚规划》，十堰市 8 个县市区被整体纳入秦巴山片区规划范围，成为秦巴山片区和湖北省扶贫攻坚的主战场。全市农业人口 246 万人，其中贫困人口 80 万人，常用农业耕地 260 万亩。沿丹江口库区共涉及十堰市 5 个县市区，共 32 个乡镇，库区所属总面积 17 940 平方千米，全年播种总面积 160 万亩，耕地总面积 70 万亩，十堰境内库区水域面积达 660.1 平方公里，占库区水域总面积的 62.9%。

（二）十堰市农业发展现状

十堰市具有得天独厚的生态环境和优良水质，以生态农业建设为抓手，生态农业产业步伐走在秦巴山片区前列。

1. 生态农业综合实力显著增强

据统计，2015 年全市累计建立生态特色农业基地 558.4 万亩，总产值达 165 亿元，比 2005 年增长 10 倍，占全市农业总产值的 75%；全市"三品一标"累计达 335 个。武当道茶被授予"湖北第一文化名茶"称号，龙王垭有机茶、圣水有机茶、八仙观有机茶、翠竹魔芋面条等产品先后获省优产品，70 多个品牌在各级各类博览会上获金奖、银奖，30 多个品牌获部优、省优和名优农产品称号。目前全市已有市级以上重点龙头企业 169 家，其中国家级重点龙头企业 1 家，省级重点龙头企业 40 家。

2. 生态农业的政策法规体系基本形成

2000 年，湖北省政府颁布《湖北省无公害农产品管理办法》，使生态有机农业建设真正纳入政府行为；2006—2007 年，《湖北省农业生态环境保护条例》和《湖北省农业和农村经济发展"十一五"规划纲要》正式颁布实施，为发展生态农业提供了法律支持和框架支撑；同时，我市也提出"要把生态农业走在全省全国前列"的发展思路，先后制定《十堰市特色农产品区域布局规划》《创建十堰绿色有机农业示范区实施方案》，把发展无公害农产品作为推进生态农业建设的切入点，使生态农业建设真正落到了实处。

3. 生态农业技术体系逐渐完善

经过 10 余年的探索和发展，各地总结推广了许多生态农业模式及其技术类型，先后探索、研发出了农牧结合、林特结合、农沼（气）循环、驯野转家等核心技术，形成了鸡—沼—茶（果）、种—养—沼、茶—鸡—粮、林—牧—特等有机农业技术模式 12 个，制定了有机茶、有机食用菌、有机山野菜、有机葡萄酒、有机鱼等有机农产品标准 15 个，这些生态农业典型模式及技术类型经过分类整理和归纳总结，逐步形成了"十堰生态农业典型模式及其技术"体系，并在全市农业产区推广应用，初步构架了适合十堰不同种养类型的生态农业技术体系。

（三）存在的主要问题

保护好水源区生态环境是国家投巨资修建南水北调中线工程的基本前提，特殊的地理位置决定着十堰市在保障水质、保护生态环境上，肩负着重大的政治社会责任。当前，十堰生态环境保护仍然面临着严峻的挑战。

1. 生态环境保护与生态移民和环境容量之间的矛盾突出

丹江口水库一期工程淹没十堰 380 平方公里土地，搬迁移民 28.7 万人，其中外迁 9 万人，就地后靠安置 19.7 万人。同时，1 000 多万亩林地遭到破坏，森林覆盖率由新中国成立初期的 70%，锐减到 20 世纪 80 年代的 32%，生态环境遭受史无前例的惨重破坏。二期工程建设，湮没土地 158.7 平方公里，动迁移民 17.8 万人，其中后靠安置 10.5 万人。两期工程建设，十堰移民多达 46.54 万人，全国第一，举世罕见。其中，内安 34 万人，占 73.1%。内安人员，多为后靠上山，生产、生活、生存环境恶劣；外迁人员，由于对迁出地人文环境、生活方式、劳作技能等诸方面的不适应，出现了回迁返乡的突出问题。工程淹毁大量资源，内安、返乡大量移民，加剧了国土资源、基础设施，尤其是耕地资源的奇缺、脆弱。全市人均现有耕地仅 0.92 亩，低于全国 1.43 亩的平均水平，人均旱涝保收耕地面积仅 0.17 亩。同时，按国家要求，丹江口库区核心水源区离库面 1 公里范围内不能耕种，使得十堰山区耕地资源更加减少。

2. 生态环境保护与功能脆弱的矛盾突出

一是水土流失范围大。由于生态伤害和山地生态特征，十堰市水土流失面积达 1.19 万平方公里，占国土面积的 50.3%。平均流失模数 0.5 万吨/年·平方公里，年流失土壤 2 亿吨以上，相当于 60 万亩耕地的耕层土量。尤其是丹江口市、郧阳区、郧西县等库区县市，石漠化、荒漠化日趋加重。石漠化面积达 433.1 万亩。其中重度和极度石漠化面积 38.4 万亩。

二是地质灾害隐患大。据普查，全市地质灾害隐患 2 593 处，其中高易发区 4 564.65 平方公里，占全市国土面积的 19.3%。南水北调中线工程建成后，由于水位的上升和库容增加，十堰山区山体滑坡等地质灾害可能进一步加大，预计累计影响库岸段 130 多公里。三是极端气候影响大。生态变化与气候变化紧密相连，尤其是丹江口库区北部 3 县市，国家多次实施重点工程建设，使这里几乎变为荒山秃岭，随之而来的是年均气温比全市高 1℃ 以上，年均降水量比南三县少 100 毫米以上。持续干旱、低温冻害、暴雨、冰雹等极端气候加剧，没有无灾之年，只有轻重之分。四是城镇环境防污基础设施薄弱。全市生活污水排放总量近 2 亿吨以上，生活垃圾日产生量超过 2 000 万吨，目前全市污水处理和垃圾处理工作任务量巨大。

3. 生态环境保护与面源污染的矛盾突出

据普查，全市农村每年人粪便排放量 44.5 万吨，畜禽粪便排放量 591.54 万吨，生活垃圾排放量 12.25 万吨，大多未经处理就直接排放，加剧了丹江口库区水质富营养化。化肥和农药施用也呈逐年增加之势。2015 年，全市化肥用量 13.4 万吨，使用农药达 2 873 吨。据对丹江口库区控制断面的水质监测结果，目前丹江口水库水质主要为总氮超标，污染排放量逐年增长，污染物浓度呈上升趋势。在枯水期，部分断面 COD（生化需氧量）和氨氮含量等已接近 II 类水标准的临界值，水源区农业面源污染已成为影响库区水质的主要因子。加之，境内企业除东风汽车公司等大型企业外，地方工业规模小，生产工艺相对落后，对污染治理和废物综合利用的能力亟待提高。

4. 生态环境保护与经济发展现状矛盾突出

为保水质，十堰市人民政府关停了全市 63 家黄姜加工企业，一次性淘汰 19 亿元"污染的 GDP"，关闭 130 家污染严重的小电镀、小纸厂等"十五小"企业，关闭 59 家木材采伐企业、77 家木材加工企业和 8 个木材交易市场，一年损失税收 3 亿多元。不仅如此，还又迁建了企业 121 家，迁建期内年减少市、县财政收入 1.4 亿元，企业迁建停产造成职工失业，财政年增加支出 1 600 万元；调水年减少发电收入 5.4 亿度；生态移民 14 万人，政府需投资 7 亿元；尤其是中线工程大坝加高 176 米蓄水后，即将淹没已进入投产期的特色产业基地 25 万多亩，仅此将使库区农民直接减少收入 10 亿多元。同时，由于十堰市四县一市一区被列入限制发展区，十堰市今后经济发展付出的机会成本将是巨大而长期的。

5. 丹江口库区消落区保护与利用矛盾突出

消落区是水库的重要组成部分，具有保持水源、净化水质、蓄水防旱、调节气候和维护生物多样性等重要生态功能，是水库生态安全体系的重要组成部分，也是库区经济社会可持续发展的重要基础。2014 后，正常蓄水位从 157 米将逐步提高到 170 米，死水位提高到 150 米，最低极限水位 145 米。按照丹江口水库加高蓄水后调度运行方案，每年 5 月至 6 月 21 日库区水位逐渐降低到夏季汛限水位 160 米；8 月份逐渐抬高到秋季汛限水位 163.5 米；10 月以后逐渐充蓄到正常蓄水位，这将形成水位变幅至少达 10 米的规律性消落区，仅十堰市境内消落区面积 18 万多亩。消落区土地面积大、土壤肥沃，露出水面的空间和时间具有相对确定性和较强规律性，能满足不同农作物生长要求，对于人多地少、耕地匮乏、农业经济占主导地位的丹江口库区来说是独特而宝贵的土地资源。但是由于消落区属于生态脆弱区，其利用也存在较大的环境风险。鉴于此，考虑到丹江口水库是南水北调中线工程的供水水源，对水质的要求非常高，而消落区管理政出多门，迫切要求对丹江口水库消落区保护与利用管理问题进行研究。

（四）"十三五"农业发展工作重点

"十三五"期间，十堰市立足农业生态特色产业发展，大力实施"61"产业强农计划，突出茶叶、林果、草牧业、中药材、蔬菜、水产（饮）品六大重点特色产业发展，力争到"十三五"末，全市特色产业基地面积达到 600 万亩，六大重点特色产业综合产值均达到 100 亿元以上，农产品加工产值达到 1 000 亿元以上，与农业总产值之比达到 2：1 以上。现代农业建设取得显著进展，特色产业对农民收入贡献达到 60% 以上，把十堰建成生态特色农业强市和重要的农特产品生产加工基地。

三、北京在十堰地区的对口援助情况

（一）北京对十堰农业援助情况

北京市与十堰市的对口协作工作开始于 2014 年。对十堰市的对口协作工作得到了北京市政府的高度重视，大力支持十堰地区"保水质、惠民生、促转型"，在项目援助、资金帮扶、人才智力支持、经贸交流、政务交往、宣传推介等方面深入协作合作，效果显著，进一步助推十堰市率先在秦巴山区全面建成小康社会。

1. 支持了一批产业项目

重点支持了十堰市农产品工业园、竹溪县生态产业园等基础设施建设，竹山县核桃基地、中药材、食用菌基地建设，房县黄酒民俗村建设等，对促进产业发展、转型升级起到了积极作用。

2. 支持了一批环保项目

重点支持了郧阳区环库区生态隔离带建设，犟河、泗河、茅塔河河道内源治理及生态修复、马家河生态治理示范、武当山特区生态隔离带等一批环保项目建成，对改善水源质量，建设生态文明城市发挥了积极作用。

3. 支持了一批扶贫项目

2014—2015 年，北京市支持十堰市 85 个村建设生态文明村，其中张湾区黄龙镇斤坪村、竹山县总兵安村为国家级、省级美丽乡村的典范。2016 年计划安排 11 个贫困村作为对口援助精准扶贫示范村，并支持 40 个村建设生态文明村、美丽乡村。

4. 建立了产业投资引导基金

在北京市支援合作办、北京市经信委的大力支持下，对口协作产业投资引导基金成立，每年安排资金 2 000 万元，并设立了专项资金账号，对十堰对口协作产业引导基金进行运作。

5. 建立了产业支持专项奖励资金

每年从北京对口协作资金中安排 1 000 万元用于奖励十堰市招商引资北京企业来十堰投资产业项目，并制定相关奖励政策，支持十堰市产业发展。

（二）工作存在的问题

1. 对农口援助力度还需提高

一是对农业援助项目较少。对十堰援助工作启动与 2014 年，前期项目援助多集中与民生方面，对农业项目援助较少，随着对口协作工作的深入开展，应逐渐增加库区农业援助项目比例；二是农业援助资金量也较少。尤其是南北水调工程启动后，围绕保供水的任务，十堰在农业面源污染监测与防治、农业绿色防控等十堰库区生态方面需要投入的资金相对较大。需进一步增加农口援助力度。

2. 生态农业检测检验设备落后

丹江口库区生态农业建设需要高精度检测检验设备，现有设备无法满足检测检验对精度的要求。

3. 高端科技人才缺乏

十堰市内有十堰市农业科学院，近年来吸引了一大批硕士研究学历的人才，但仍然缺乏高端复合型科技人才。

四、十堰地区生态农业发展的科技需求

通过本次调研，调研组认为，十堰市是南水北调中线工程丹江口水库主要水源地，目前水源地的水质安全问题已经拉响警报（总氮超标，各项污染物指标持续上升）。围绕保护生态安全、确保一江清水永续北流这一任务，十堰地区生态农业发展的科技需求主要有如下。

（一）库区农业生态环境治理与监测方面

主要包括丹江口库区农业生态监测信息平台建设，围绕生态安全的小流域开放式生态循环农业示范区建设，核桃、柑橘、茶叶等重点产业病虫害绿色防控技术示范。

1. 围绕生态安全的小流域开放式生态循环农业示范

以库区小流域尺度为单元，以农药化肥减量施用、养殖废弃物资源化利用和秸秆综合利用为主，推动"生态种植—生态养猪—种植和养殖废弃物处理—有机还田"为主线的循环农业技术示范，形成可推广的生态循环农业典型。

2. 丹江口库区养殖场区域现代生态农业沼渣沼液利用技术

针对养殖场内的沼液沼渣的循环利用，主要的技术需求包括沼肥的合理施用、沼液农田清洁高效施用技术等。

3. 食用菌多级循环利用技术

针对十堰地区内的黄姜渣、虎杖渣、葛粉渣的循环利用，集中体现在黄姜渣、虎杖渣、葛根粉渣的食用菌机制配比技术、食用菌栽培原料再次循环利用技术、菌渣堆肥发酵利用技术以及对应用黄姜渣、虎杖渣、葛根粉渣栽培的食用菌的安全性检测技术等。

4. 耕地生态改良修复技术

现有耕地有机质缺乏，急需耕地的生态改良修复技术。

5. 柑橘、核桃、茶叶等重点产业病虫害绿色防控技术示范

十堰地区现有柑橘种植面积 33 万亩，仅 2015 年出口俄罗斯达到 4 000 吨，是十堰地区农民增收的一个重要产业。此外，柑橘多种在山坡上，对保持水土具有重要的生态意义。柑橘的无害化处理关系到整个库区流域的水土保持，调研中发现，柑橘产业急需相关的病虫害绿色防控技术，包括"密改稀"技术推广以及最新的病虫害绿色防控产品的技术示范。十堰地区有核桃种植面积 50 万亩，是十堰地区的重要产业。调研组在对房县核桃基地进行调研发现，核桃的病虫害问题严重导致该基地当年核桃基本绝收，严重影响了基地收益，对核桃绿色防控技术需求强烈。

（二）地方产业发展方面

主要包括中华大樱桃（当地乡土品种）产后保鲜技术示范，核桃、食用菌等重点产业发展技术集成与示范，玉米、小麦种质创新及新品种展示示范，城郊休闲观光农业产业发展规划与技术集成示范。

1. 玉米种质资源改良创新

十堰地区处于南方和北方的交界带，地方的适应性具备，但缺乏南北方玉米种子对品质的改良。受制于地方科研单位在种质材料方面储备较少，希望通过与北京农科院的合作，提升玉米种质材料的储备，开展种质资源改良创新。

2. 中华大樱桃产后保鲜技术

中华大樱桃是当地乡土品种，近年来发展迅速。目前在樱桃种植方面，已形成较为成熟的管理技术，随着樱桃产业的发展壮大，对于产后樱桃的保鲜技术需求越来越强烈。

3. 城郊休闲观光农业产业发展规划指导

十堰地区休闲农业发展理念、发展水平较落后于北京等大城市，急需通过对口协作，开展城郊休闲农业发展规划指导，增强与大城市休闲农业发展理念的交流与学习，提高本地农业休闲观光农业发展水平。

五、完善北京对口援助政策的建议

1. 建议北京市和十堰市两地农科院合作，依托北京市农林科学院丰富的科技资源，合作建设现代农业示范园及丹江口库区农业生态环境监测站，为库区特色产业发展和水资源保护提供技术支撑。

2. 建议针对十堰市茶叶、蔬菜、核桃、食用菌、中药材等产业及农业面源污染中存在的关键问题开展技术攻关与协同创新。

3. 探索建立两地农业科技人员互派交流的机制，将两地科技人员互排列入对口援助挂职序列中去。类似房山定向挂职房县、东城定向挂职郧阳，将北京市农林科学院和十堰市农科院结成对子，北京市农林科学院选派农业技术方面的相关专家定期到十堰市开展技术指导；十堰市选派相关技术人员到北京农口科研到位参与科研项目和培养深造。

执笔人：陈慈

专题七　首都农业科技对南阳地区的辐射带动作用

一、调研背景及调研基本情况

为落实北京市支援合作办工作指示精神，推进北京市与南阳市对口援助工作实现精准对接，充分发挥首都农业科技对南阳现代农业的辐射带动作用，为南阳现代农业发展提供强有力支撑，课题组 2016 年 9 月 7—10 日期间赴河南省南阳市进行了深入调研。

本次调研工作得到了南阳市发改委及相关区县政府的高度重视，并对调研组的调研日程安排进行了精心组织和安排，南阳市发改委副主任马林、干部王云飞全程陪同参加调研，调研区县主管领导及相关部门领导陪同参加了各自区县所涉及的调查点的调研工作并对调研点情况进行了详细介绍。调研组在 4 天时间里实地考察了内乡、西峡和淅川 3 个区县，累计走访了浩林产业园、余关核桃生产基地、简村香菇标准化示范基地等近 10 个示范点。9 月 9 日下午，调研组与南阳市相关部门进行了座谈交流，听取了南阳市发改委、农业局等相关领导汇报，对北京与南阳对口协作、南阳市农业产业发展和南阳市农业科技创新等相关情况有了较为全面了解，并对下一步可以开展的农业科技对接工作进行了深入探讨。

二、南阳地区农业产业现状

（一）南阳市总况

南阳市位于河南省西南部、豫鄂陕三省交界处，为三面环山、南部开口的盆地，地处伏牛山以南，汉水以北。全市国土面积 2.66 万平方公里，辖 2 行政区、4 个开发区、10 个县，总人口 1 006 万人，是河南省面积最大、人口最多的省辖市。

南阳属典型的季风大陆半湿润气候，市内河流众多，主要有丹江、唐河、白河、淮河、湍河、刁河、灌河等，分属长江、淮河、黄河三大水系，全市水储量、亩均水量及人均水量均居全省第一位。南阳是南水北调中线工程水源地和渠首所在地，也是淮河的源头，市内有3个国家级自然保护区，面积123.34千公顷。南阳市农业人口800万人，耕地面积1 056千公顷，素有"中州粮仓"之称，是全国粮、棉、油、烟集中产地，有6个县市区是国家商品粮、棉基地，3个县市区为国家优质棉基地。

（二）南阳市农业发展成效

1. 粮食综合生产能力稳步提高

南阳是全国重要的粮食生产基地和国家粮食安全战略工程河南粮食生产核心主产区，累计建成高标准粮田424.7万亩，有效灌溉面积和旱涝保收田分别占45%和35.3%，农机总动力达到1 182.7万千瓦，主要农作物耕种收机械率达到76%，夯实了粮食生产的基础。2012年全市粮食总产首次跨上100亿斤台阶，2015年达到54.105亿千克，实现了"十二连增"，其中夏粮实现了"十三连增"，粮食生产已进入中产向高产、高产向超高产的跨越阶段，先后被农业部、省政府授予"全国粮食生产先进单位"称号和"全省粮食生产先进单位"称号。

2. 农业结构调整不断优化

南阳市按照"做大做强主导产业、培育壮大特色产业、加快发展新兴产业"思路，围绕"调"字做文章，立足特色优势，锁定特色品种，做大产业规模，提升产业效益。在粮食、畜牧、油料、烟叶、中药材五大传统优势产业日益巩固的同时，蔬菜、食用菌、花卉苗木、猕猴桃、茶叶五大新兴特色产业逐步发展壮大。全市形成了422个一村一品专业村，21个一村一品专业乡镇和一批跨区域的特色产业带。

3. 产业化水平全面提升

南阳市把农业产业化集群培育作为构建新型产业体系的重点，集中打造了20个产业化集群，其中省级集群9家，省级示范性集群2家。参与农业产业化经营的农户188.03万户，占全市总农户的78.9%，户均增收1 314元。全市农产品加工企业1 262家，其中规模以上569家，实现工业总产值1 170亿元，营业收入1 080亿元，利润总额92亿元，税金总额56

亿元。农产品年出口额屡创新高，食品农产品出口 8.7 亿美元，居全省首位。

4. 农产品质量安全水平高位提升

南阳市坚持源头严防、过程严控、后果严惩，农产品质量安全形势总体平稳、持续向好。全市累计制定发布地方标准 186 项，认定"三品一标"基地 450 余个、700 余万亩。"三级四层"检测体系初步建成，农产品质量电子可追溯系统试点工作有序推进。"中线渠首"有机农产品进入北京等高端市场，2014—2015 年，全市累计进京农产品 5.6 万吨、12.9 亿元。

5. 农村改革稳步推进

南阳市把推进农村改革作为发展现代农业的动力，家庭农场、农民合作社、生产大户、龙头企业等新型经营主体快速发展。全市农民合作社达到 11 233 家，家庭农场达到 3 822 家，种粮大户达到 4 415 家，市级以上龙头企业达到 227 家。同时，培养了一大批理念新、脑子活、懂经营的新型职业农民。农村土地流转平稳有序，累计流转面积 193.8 万亩，占农户承包土地面积的 19%。社会化服务大幅发展，初步建成了以市级为龙头、县级为骨干、乡级为前沿的服务网络，全市农业生产社会化服务率达到 50%。

6. 农民收入取得突出成就

实施"外转内调"战略，多策并举，增加农民收入。2015 年农民人均纯收入突破 10 000 元，达到 10 776.6 元，比"十一五"末增加 90.2%，实现了"十二连快"。城乡差距持续缩小，城乡居民收入比由 2010 年的 2.66∶1 缩小到 2015 年的 2.33∶1。

（三）新形势下农业发展遇到的主要问题

1. 农业发展的资源要素制约态势增强

从基础条件看，农田水利基础设施薄弱，全市有效灌溉面积仅占 49.8%，比全国、全省分别低 16 个、36 个百分点。加之管护不力，损毁严重，效益发挥有限。从耕地地力看，60% 以上耕地为三级、四级，土壤耕层浅，有机质含量低，耕作层养分不均。全市土壤有机质、速效钾含量分别比全省低 33% 和 40%。从机械化水平看，全市耕种收机械化率为 76.2%，比全省低 0.8 个百分点。从劳动力素质看，平均每百名农村劳动力中，高中及以上文化程度仅 14.4 人，初中、小学程度 82.26 人，文盲半文盲 3.34 人。绝大部分农村青壮年劳动力纷纷外出务工谋生，农村劳动力多为 993 861 人员，老弱化、兼业化、低质化、妇女化趋势加剧。从科技支撑看，科技支撑乏力。全市万名农民中农技人员 4.7 人，比全省少 1.1 人；全市农村实用人才占农村人口的比重为 2.8%，比全省低 0.5 个百分点。

2. 现有生产经营方式对农业生产的制约作用增强

从土地流转看，全市流转规模经营占 19%，比全国 30%、全省 38.9% 分别低 11 个、19.9 个百分点。一家一户分散经营仍是农业生产经营的主要形式。从产业化经营看，在国家认定的 1 193 家重点龙头企业中，全省 60 家，南阳市仅宛西、新纺和牧原三家。全省认定的 635 家重点龙头企业中，南阳市仅 41 家。龙头企业普遍存在着发展规模不大、科技创新能力不高、带动能力不强的问题。从社会化服务看，全市农民合作社社员仅 10.13 万人，占乡村总户数的 4.88%；平均每个合作社 9.04 个社员，社会化服务组织少，规模小，服务水平不高。

3. 气象灾害对农业生产的不利影响加重

受气候变化影响，近年来南阳市极端天气事件明显增多，特别是干旱、洪涝、风雹等气象灾害频繁发生。据调查，南阳市夏秋两季，干旱发生几率达到 81.6%，洪涝达到 30.2%，小麦后期轻型干热风发生几率达到 70%，重型干热风达到 30%，给农业生产造成的损失呈加重态势，抗灾生产成为常态。

4. 农业比较效益偏低的矛盾较为突出

农资价格上行压力加大，生产用工成本上升的趋势难以改变，而农产品价格的提高又受诸多因素制约，农业生产比较效益偏低的问题将日益突出。

（四）"十三五"农业发展工作重点

1. 实施高标准粮田建设工程，增强粮食生产能力

坚持藏粮于地、藏粮于技、藏粮于民，到 2020 年，南阳市将建成 630 万亩高标准永久性粮田。加快技术集成推广，建成优质小麦、专用玉米、优质水稻等生产基地，粮食总产达到 60 亿千克。

2. 实施农业产业化集群培育工程，构建新型产业体系

一是调整优化农业结构，做大做强优势产业，着力发展"一村一品""一县一业"；二是提升农业产业化水平，持续推进 20 个农业产业化集群建设，促进一、二、三产业融合；三是搞活农产品流通，培育现代流通方式和新型流通业态；四是推进农产品出口，在巩固西峡香菇、西峡猕猴桃、新野牛肉、内乡猪肉等国家级出口食品农产品质量安全示范区的基础上，深入挖潜，基本形成"一县一品"或"一县多品"的质量安全示范区发展格局。

3. 实施都市生态农业发展工程，拓展农业功能

按照促进生产、生活、生态一体化协调发展的要求，着力打造以城区为中心，辐射近郊及周边区域的"一小时都市生态农业圈"，构建"三域三圈四带"都市生态农业发展格局。

4. 实施农业标准化生产工程，提升农产品质量安全水平

一是以新型农业经营主体为依托，推广"公司+基地+农户+标准化"的生产经营模式，实现生产设施、过程和产品标准化；二是强化质量安全监管，依法加强对农业投入品的监管，促进各类追溯平台互联互通和监管信息共享；三是重点在水源地及干渠沿线、白河沿线等区域，发展特色蔬菜、优质水果、优势畜禽、水产、食用菌、茶叶等产业，规划建设有机农业生产基地。

5. 实施农业生态保护工程，促进农业可持续发展

一是控制农业面源污染。按照"一控两减三基本"的目标要求，全面做好农业面源污染防控工作；二是加强水资源保护和利用，重点加强丹江口库区和南水北调中线工程输水沿线、承担供水任务的大中型水库的保护，加强地下水资源的监测和保护，实施地下水保护行动计划，搞好水生态信息体系建设，在主要河流建设水质在线监测系统，加强农田水利建设，大力发展节水灌溉；三是实施化肥和农药减量化行动，坚持化肥减量提效、农药减量控害。四是推进农作物秸秆等农业废弃物资源化利用。

三、北京在南阳地区的对口援助情况

(一) 北京对南阳农业对口援助情况

北京市与南阳市的对口协作工作开始于 2014 年。北京市每年对口协作资金安排 5 亿元，河南省和湖北省各 2.5 亿元，根据《河南省对口协作项目资金管理办法》，按照水源区 6 县 (市) 对南水北调中线工程做出牺牲、贡献大小等综合评价分配，河南省涉及水源区共 6 个县 (市)，其中南阳市每年分配资金 1.6 亿元 (淅川县每年 7 000 万元，西峡县每年 6 000 万元，内乡县每年 3 000 万元)；邓州市每年 3 000 万元；洛阳市的栾川县每年 3 000 万元；三门峡市的卢氏县每年 3 000 万元。

1. 支持了一批产业项目

2014—2015 年，南阳水源区 3 个县每年各实施 61 个援助资金项目，两年共实施农业项目 22 个，总投资 19 740 万元，其中援助资金 7 505.25 万元。2014 年的 11 个项目已建成完成，2015 年的 11 个项目正在建设，预计 2016 年底完工。

2. 培训了一批农业人才

根据实际工作需要，每年拿出一定资金统筹用于水源区 6 县 (市) 的人才培训工作。2014—2015 年南阳市对口协作农业培训类项目共有 9 个，北京市援助资金 383 万元，目前已全部培训完毕。培训内容涉及特色禽畜养殖、特种核桃种植、休闲观光农业培训等方面。

3. 实施了一批环保项目

在项目扶持和产业发展上，实行最严格的环境保护制度，取缔网箱养鱼等不利于水源保护的产业，实施山水林田湖生态保护和修复工程，在增绿、减污的同时大力发展林果业和中药材产业，尤其是淅川、西峡的森林覆盖率超过了 50%，形成了"森林环抱清水"的生态新格局。

4. 建立产业投资引导基金

每年从水源区 6 县 (市) 拿出 2 000 万元作为对口协作产业发展基金，平均每个县 (市) 拿出 333 万元，用于引导南阳市对口协作产业发展。

（二）农业援助工作存在的问题

1. 援助项目内容有待进一步丰富

尽管南阳每年的农业对口援助项目比较多，但大多是水土保持项目，主要围绕保护环境、植树造林、水源污染治理等方面，科技含量高的农业项目不多，缺少产业可持续发展的动力，带动农民增收致富的效果不强。

2. 北京的资源优势有待进一步发挥

北京作为全国科技创新中心，其先进的现代农业技术和水源区援助项目结合的比较少，尽管特种核桃种植项目取得了一定成效，但整体仍难以满足受援地区产业发展的需求。

3. 培训机制有待进一步完善

每年农业培训项目和培训对象缺乏针对性：一方面，援助项目和培训内容关联度较低，农业培训内容与农业科技援助项目结合不紧密；另一方面，培训对象应倾向于农业项目种植技术人员。

四、南阳地区农业发展的科技需求

1. 破解经济发展与生态保护的矛盾

南阳人口多、地域广、经济总量大，经济发展动力主要来源于传统工业，作为南水北调中线工程渠首所在地，按照"保水质、强民生、促转型"的要求，经济发展面临着巨大压力，尤其在产业转型升级和产业结构升级方面，迫切需要与北京进行对口支援协作，促进南阳高效生态经济示范市建设。

2. 水源区渔民再就业问题

为有效防控丹江口水库水体污染，保护和改善水域生态环境，确保南水北调水源水质，南阳市全面取缔丹江口水库网箱养鱼和围网养鱼设施。淅川县在丹江口库区共有网箱 41 729 个，涉及养殖渔民 8 000 余户，涉及人口 2.8 万元，为保障渔民权益和取缔工作顺利进行，淅川县投入大量资金和精力，难度巨大。未来如何扶持渔民转产转业，水库周边生态项目如何建设，生态补偿资金如何设置，都需要进行科学周密的规划和安排。

五、完善北京对口援助政策的建议

1. 加大智力支援，强化科技推动作用

作为南水北调中线工程水源地，南阳面临着保护水质与加快发展的双重压力。建议北京把疏解非首都功能和对口协作工作紧密结合起来，进一步发挥科技、人才、产业等方面的优势，推进一些科技含量高的、适当的农业科技项目在水源地转化，提高水源地现代农业发展水平。

2. 加强沟通机制建设，提升培训效果

建立定期沟通协商机制，汇总当前农业发展科技需求并能够及时向北京对口支援办反映。立足农业科技产业发展需求，适当调整每年农业培训项目内容，尽量与每年的援助现代农业科技项目相结合，增加培训内容的针对性和实效性。

执笔人：赵姜

附件1 新形势下促进首都农业科技在受援地区辐射带动作用的研究课题调研方案

一、调研目的

调研着眼于北京疏解非首都核心功能的新形势，深入了解近年来受援地区的农业产业发展现状，结合当地的实际需求，充分发挥好首都农业科技在受援地区的辐射带动作用，使首都农业科技在受援地区的推广和成果转换更具实效性，由"输血"向"造血"转变，为推进首都农业科技在受援地区辐射带动作用的研究提供翔实的基础材料。

二、调研方式与调研对象

1. 机构访谈对象：各地区的科技、农业管理部门、北京援助干部，以了解当地农业科技发展情况、农业科技方面援助的情况和农业科技合作需求；

2. 实地考察对象：已实施的北京在当地的农业科技援助项目，每个地区选取2~3个点进行实地考察，以了解不同地区农业科技援助工作所取得的成绩及存在的主要问题。

三、具体要求

1. 搜集当地近三年农业部门的年度工作总结、农业统计资料、农业有关规划文本。

2. 搜集北京在当地进行的农业援助项目的进展报告、项目汇总材料（已实施的项目名称、投资额、建设规模等）。

3. 各调研地区根据调研提纲提供相关文字材料和图片。

四、调研提纲

1. 当地农业发展概况。包括农牧业生产情况、设施装备情况、科技创新及技术推广应用情况。

2. 当地农业特色产业发展情况。重点介绍当地的特色产业及有关龙头企业情况。

3. 当地农业发展遇到的主要问题及下一步的重点工作。

4. 近五年来北京对当地的援助情况。包括农业科技方面的援助，包括援助对象、援助方式、援助时间及对口的当地技术支持单位。

5. 北京对当地农业援助项目的进展情况。包括已实施的项目名称（基地名称）、投资额、建设规模、已取得的效益、辐射带动情况。

6. 援助项目开展中遇到的主要问题，如项目管理、组织实施中的困难等。

7. 农业的科技需求。说明当地农业在科技方面有哪些需求，希望北京给予哪些方面的支持。

附件2 调研情况汇总

地点	考察地点	座谈情况
玉树	称多县巴颜喀拉乳业公司、布拉乡车所社；治多县生态畜牧业合作社、嘉洛珠姆有限公司；玉树市种畜场、巴塘合作社、草饲场	就玉树州农牧业产业现状、北京对口援助情况、未来农牧业发展科技需求等方面与玉树州副州长、有关科室负责人及北京外援干部进行深入座谈交流
拉萨	拉萨市曲水县净土健康产业园、城关区奶牛养殖小区、白定特色园艺产业化科技示范园区、尼木县有机农业园、德青源藏鸡养殖基地	就拉萨市农牧业科技情况、受援情况及未来农牧业科技合作需求，与拉萨市农牧局、发改委座谈，为进一步落实《农业科技对口援藏合作框架协议》奠定了基础
赤峰	赤峰农科院实验室、赤峰市农科院种子公司、饲料场、品质赤峰展厅、敖汉旗惠隆杂粮合作社、克什克腾旗可追溯羊基地、白音敖包可追溯肉羊基地、品质赤峰达里湖分中心	就赤峰市农牧业产业现状、北京对口援助情况、未来农牧业发展科技需求等方面与赤峰市发改委、赤峰农科院、北京外援干部等进行深入座谈交流
乌兰察布	内蒙古薯都凯达食品有限公司农产品深加工基地和院士基地、察哈尔右翼百川牧业、察哈尔右翼中旗万亩油菜基地	就乌兰察布市农牧业发展现状、京蒙对口帮扶农业项目的进展情况、十三五的科技需求与乌兰察布市农牧局、乌兰察布发改委进行了座谈
巴东	考察东瀼口镇羊乳山茶叶基地、湖北金果茶业有限公司、兴山县高桥乡贺家坪村、巴东电商产业园、与县政府办、三峡办、农业、林业、畜牧等部门座谈	就巴东县农业产业发展现状、北京农业对口援助情况、未来农业发展科技需求等方面与巴东县政府办、三峡办、农业、林业、畜牧等部门进行了座谈
十堰	十堰市农科院现代农业示范园、十堰梦萌实业有限公司、湖北神运大龙山科技发展有限公司、十堰宏阳生态养殖公司谭家湾生态农业示范区、湖北子胥湖集团生态新区开发有限公司、丹江口库区水资源、柑橘无公害绿色生产示范区、土城镇食用菌无公害生产示范基地、红塔镇玉米育种示范基地、核桃示范基地、十堰市果茶所珍稀苗木示范基地、茅箭区茅塔乡绿色防控有机茶生产基地	调研组与十堰市农科院及十堰市相关职能部门召开对口协作座谈会，各方围绕科技需求、项目合作、精准扶贫措施等方面展开研讨，并针对面源污染监测与治理、农业生产绿色防控、休闲观光农业开发等问题交换了意见。各方还建议未来在平台建设、资源共享、人才培养等方面开展合作交流

（续表）

地点	考察地点	座谈情况
南阳	内乡县浩林产业园、余关核桃生产基地、福瑞滋生物科技有限公司；西峡县丁河镇简村香菇标准化示范基地、猕猴桃生产基地、黄狮村猕猴桃生态示范园；淅川县蔬菜园区、仁和康源石榴扶贫产业基地	就北京对当地援助项目的进展情况、成效、问题及十三五的新需求，与南阳市发改委、农业局的有关负责人开展座谈

附件3 "十二五"期间北京主要对口支援地区援助任务汇总

一、支持拉萨安民拓城

西藏工作在党和国家战略全局中居于重要地位，对口援藏是增进民族团结、推动边疆发展的重大战略部署。自1994年以来，北京以干部援藏为龙头、项目援助为重点、财力援助为保障，加大对口支援力度，工作成效明显。"十二五"时期，需在此基础上更进一步，坚决落实好中央第五次西藏工作座谈会精神，以促进拉萨市经济社会发展和改善人民群众生产生活条件为目标，将投资向基层倾斜、向农牧民倾斜，突出对民生民心工程、经济发展项目和新城区建设的支援，加快改善地区民生水平和提升地区自我发展能力，推动拉萨全面建设小康社会的步伐走在西藏前列。

专栏1 北京援助拉萨市"一区三县"的基本情况

拉萨市是西藏自治区首府，地处喜马拉雅山脉北侧，平均海拔3 650米，全年日照时间3 000小时以上，素有"日光城"美誉。全市国土总面积29 518平方公里，辖1区（城关区）7县（当雄县、堆龙德庆县、曲水县、墨竹工卡县、达孜县、尼木县和林周县）。2010年末全市总人口55.94万人，有藏、汉、回等31个民族，藏族人口占87%。北京市重点对口支援城关区、当雄县、堆龙德庆县和尼木县（简称"一区三县"），支援面积达2.36万平方千米，支援人口达12.08万人。

着力支援民生民心工程建设。按照国家援藏工作要求，加大对"一区三县"民生项目建设。重点援助农牧区的乡村道路、桥涵等基础设施，改善农牧民生产条件；重点援助农牧乡镇医疗卫生所、基础综合服务站，加快拉萨柳梧医院的建设，提升地区医疗卫生水平；支持提升教育设施水平，援助建设县城双语幼儿园、中小学改扩建等基础教育设施，支持农牧区的学前教育、基础教育，同时大力支持职业教育。加快援建公共文化活动场所，推进拉萨市群众文化体育中心的建设，丰富藏区群众文化和

体育生活；大力援助"一区三县"信息化行政管理网络和政府门户网站建设，提升政府办公自动化水平。

着力支持柳梧新区建设。通过支援拉萨柳梧新区的开发建设，塑造拉萨现代化城区的新形象，拓展新的发展空间。重点援建柳梧新区东环路、为民路、商业路等道路，以及文体中心、拉萨柳梧医院等公共服务设施；同时积极帮助新区引入旅游、商业、酒店、餐饮等企业，建设一条彰显现代化城市形象的旅游商贸娱乐街区，打造城市发展新地标，促进该区域成为带动拉萨发展的新高地。

着力促进"一区三县"经济发展。依托拉萨良好的农牧产业基础和丰富的旅游资源，着力扶持农牧、旅游等特色产业，增强"一区三县"的自我发展能力。帮助引入建立农牧业优良新品种和高科技设施农业示范基地、高效生态畜牧业示范基地，提升当地农牧业科技水平；协助招商引资，推进堆龙德庆县工业园等特色园区的开发，促进拉萨特色产业的发展；着力扶持高原旅游业，支持在京企业参与当雄县纳木措和羊八井、尼木县吞巴乡等重点景点景区开发，帮助拉萨市进行旅游宣传推介和旅游从业人员培训。发挥支援机构的桥梁作用，推进北京与拉萨加强经济合作，引导和鼓励北京企业到拉萨投资，以龙头带动的形式促进拉萨产业发展。

专栏 2　拉萨市柳梧新区基本情况

柳梧新区是《拉萨市城市总体规划》"东沿西扩南跨、一城两岸三区"的重要组成部分和全市"一个疏散、两个引导、三个集中"空间发展战略的重要载体，也是充分发挥青藏铁路辐射带动作用、构建社会主义新拉萨的重要区域。柳梧新区位于拉萨河南岸，由北、中、南三个组团构成，规划控制区42.7平方公里，规划用地24平方公里，规划总人口10万~12万人。其中火车站所在的北组团是柳梧新区重点启动区，总面积9.04平方公里，规划建设用地面积6.44平方公里。

柳梧新区的城市定位和发展目标：拉萨市城市副中心之一，形成以客运枢纽、商贸服务、旅游集散、总部经济、特色居住为主的西藏现代化城市典型示范区。

根据第六批援藏工作总体安排，北京市将重点对口支援柳梧新区。近期，北京市将重点推进东环路、为民路、商业路、文体中心、拉萨柳梧医院等项目援建。

着力推进人才智力支援。利用北京人才智力资源和科研技术优势，加强对拉萨的干部、专业人才等支援，提升当地人才水平，推动拉萨"一区三县"经济社会又好又快发展。继续做好分批干部援藏工作，加强干部间的交流与培训，接收拉萨干部到北京各部门和区县挂职学习。继续加大专业人才援藏，采取多种形式鼓励和支持北京市教育、医疗、卫生等各

种专业人才援藏；加大人才培训力度，通过专家讲座、定期培训等方式，加强对当地技术人才、教育医护人员和经营管理人员的培训。帮助引入国内外先进的咨询和规划机构，协助制定"一区三县"的总体发展战略规划、产业发展规划等，以规划引导发展。

二、加快玉树灾后振兴

做好援青工作是关系国家生态安全、民族团结和社会和谐稳定的重要战略任务。从2000年开始，北京开始以教科、资金、物资支持等方式援助青海发展。玉树震灾后，北京按照中央要求，迅速参与灾后重建，工作扎实有序开展。"十二五"期间，北京将进一步支援玉树重建家园恢复民生、发展经济重振玉树，其任务更加艰巨，意义更加深远。因此，需落实好国家支援青海藏区工作会议精神，以改善民生为根本出发点和落脚点，以基础设施、公共服务设施和产业发展项目建设为重要切入点，积极将灾后援建与支援玉树各项工作紧密结合起来，将支援玉树硬件建设和提升软件水平相结合，培育和增强玉树自我发展能力，为玉树州跨越式发展奠定坚实的基础。

专栏3 北京援助青海省玉树州基本情况

玉树州位于青海省西南部青藏高原腹地的三江源头，平均海拔3 681米以上，气候高寒。全州国土总面积20.3万平方公里（不包括格尔木市代管的唐古拉镇），占青海省总面积的28.19%，辖玉树、称多、囊谦、杂多、治多、曲麻莱6县。2010年末全州总人口37.34万人（藏族36.25万人，占97%），实现地区生产总值31.9亿元，人均GDP达8 531元，地方一般预算财政收入0.84亿元。

以首善标准按时高质完成灾后援建任务。落实《青海玉树地震灾后恢复重建援建协议》，以首善标准，按时高质完成结古镇、隆宝镇（含哈秀工作站）以及新寨村的灾后重建项目建设，包括城乡住房、公共服务设施、基础设施、和谐家园、特色产业、生态环境6大类、114项（见表1）。2011年全面开工建设，力争年内完成全部援建任务量的90%，到2012年9月底完成全部援建任务。

支持农牧区生产生活设施改善。重点加强农牧区的基础设施、农牧民危房改造、生态移民工程、提升公共医疗卫生水平等方面的援助工作，提升玉树农牧区的生产生活水平。加强中小型农田水利、乡村道路、户用能

新形势下促进首都农业科技在受援地区辐射带动作用的研究

源、安全饮水等基础设施建设，推进农牧民危房改造工程，改善居民正常生产生活条件。帮助高海拔地区、"三江源"生态保护地区、地质灾害频发地区的农牧户进行搬迁，改善农牧民生活条件。援建一批农牧区急需的医疗卫生设施，引进一批医疗设备，提升玉树医疗卫生水平。

表1　北京市支援玉树灾后重建任务一览

援建项目类别	主要项目	项目数量（项）
城乡住房建设	隆宝镇（含哈秀）农牧民及城镇住房恢复重建；结古镇新寨村部分城镇及牧民住房恢复重建；隆宝镇（含哈秀）农牧民住房维修加固	3
公共服务设施	教育（寄宿制小学、教师周转房、幼儿园）、医疗卫生（中心卫生院和计生服务站）、广播电视、社会管理、文化体育设施、就业和社会保障等	20
基础设施建设	交通（农村公路、便民桥梁等）、市政设施（结古镇市政道路桥梁、污水厂等）、农牧区基础设施、水利基础设施	81
和谐家园	敬老院、社区综合服务站等	5
特色产业	新寨嘉那嘛呢石经城景区整治项目、隆宝镇粮油购销公司、隆宝镇农牧区商贸综合服务中心、隆宝镇农牧业综合服务中心	4
生态环境	隆宝林业站基础设施	1

支持玉树生态建设和环境保护。积极支持玉树三江源国家生态保护综合试验区的建设，积极参与"可可西里""隆宝"等国家级自然保护区的生态建设和环境保护，重点支持天然林保护、封山育林和小流域综合治理等工程，水源涵养区、自然保护区管护设施的建设，以及城镇周边生态环境的整治。探索建立节能机制，加强节能监测能力建设。

扶持玉树特色产业发展。深入挖掘玉树的资源优势，通过建设产业基地、园区等方式，帮助玉树发展特色农牧业、加工、旅游、清洁能源及商贸流通等产业，强化玉树自身发展能力。以建设中藏药材种植基地、农业示范园区等项目为抓手，支持特色种植业发展，加强技术指导和市场拓展，支持发展畜牧养殖业；以发展藏毯加工基地、冬虫夏草深加工基地等项目为依托，支持发展特色加工业；以建设"三江源"生态旅游示范基地等项目为载体，以传承地方文化为依托，支持旅游产业发展；以创建村级光伏电站试点项目为依托,探索清洁能源的开发与利用;利用各方援建的商业设施,大力发展商贸流通业。同时协助玉树进京招商引资,宣传推广。

加大教育培训与科技智力支援。实施教育培训工程,新建两所幼儿园,开展"手拉手"工程,加大对玉树教师队伍的组织学习;开展干部培训,每年安排玉树干部到北京相关部门挂职锻炼,为玉树党政干部举办在京学习班;加强专业技术人员和生态管护公益岗位等劳动者工作技能的培训,每年在北京为玉树安排培训班,或选派相关专家赴玉树授课指导。实施科技智力支援工程,帮助玉树引进优良的农畜业品种、先进的种养技术以及产品加工技术。提高信息化应用水平,利用电子政务、电子商务技术,提升城市管理水平和当地经济社会发展水平。继续选派一批北京优秀干部到玉树州挂职,为玉树带去新的发展思路和管理理念。

三、推进巴东移民安稳致富

对口支援三峡库区是国家关心库区移民、支持库区发展而做出的重大决策。随着三峡枢纽工程竣工和移民搬迁安置工作的完成,对口支援工作也从援助移民搬迁安置转入到促进移民安稳致富、促进库区经济发展的新阶段。"十二五"时期,北京的支援工作需顺应发展新趋势,重点支持巴东特色产业发展、人力资源开发和公共服务水平提升等内容,帮助库区实现移民安稳致富,推进巴东经济社会快速发展。

专栏4 北京援助湖北巴东县基本情况

巴东县位于湖北省恩施土家族苗族自治州,地处川鄂交界的巫峡与西陵峡之间,自古有"楚西厄塞、巴东为首"之说,"川鄂咽喉,鄂西门户"之称,是一个老、少、边、穷、库的山区县,享受国家贫困县、西部大开发、三峡库区等特殊扶持政策。全县国土总面积3 219平方千米,辖12个乡镇。2010年末全县总人口49.27万人,实现地区生产总值49.34亿元,人均GDP达11 756元,地方一般预算财政收入5.33亿元。

支持巴东特色产业发展。依托巴东良好的自然资源和产业基础,发挥北京科技、信息和市场优势,促进两地经贸交流合作,推动巴东休闲旅游、农产品加工等特色产业发展。大力支持巴东旅游业开发,通过协助引入大型旅游企业或休闲地产运营商,推进神农溪生态休闲旅游区、绿葱坡高山休闲度假区等旅游项目的开发和建设;支持巴东特色工业发展,引导

在京矿产加工、农产品加工企业到巴东投资，带动巴东新型矿产资源开发、绿色农产品加工等产业发展；扶持巴东特色农业发展，援建特色山地农业发展示范区，提供从农业科技、经营管理、市场销售等全产业链的支持，协助巴东与北京大型商贸企业开展"农超对接"活动，把巴东打造成为北京的特色农产品供应基地。

支持巴东人力资源开发。利用北京在人才、教育等方面的优势，加大对巴东干部、专业人才和移民的培训，提高当地人力资源发展水平。继续选派优秀干部到巴东挂职副县长，接收巴东选派的优秀干部到北京挂职锻炼；继续开展对巴东中小学骨干教师、医务人员和其他专业技术人员培训，全面提升专业队伍素质；帮助对移民的职业技能培训，发展出一批懂技术、善经营、会管理的移民致富带头人。

支持公共服务水平提升。高效使用援助资金，加大对巴东教育、医疗、文化、体育以及公共基础设施等社会事业的援助。重点支持巴东县第一中学整体搬迁后续工程、巴东县神农小区影视文化中心和社区医疗中心、巴东县体育场续建工程等项目建设，将援建项目建成巴东的示范、精品和标志性工程，带动城市建设水平的提升和人民生活的改善。

加大资金和物资援助力度。将援助资金纳入北京市年度财政预算，建立长期稳定的资金援助机制，鼓励市直部门和区县积极开展对巴东的支援与合作。

四、帮扶赤乌两市发展

内蒙古蒙族自治区赤峰和乌兰察布两市是北京市对口帮扶的重点市旗县。要充分发挥北京市对口区县的帮扶积极性，将北京市区县发展优势有效引入对口帮扶，建立市区县之间的"结对子"关系和机制，强化在工业、教育、卫生、干部交流等方面的帮扶合作，促进赤乌两市全面发展。

专栏5 北京帮扶的乌兰察布和赤峰两市的基本情况

赤峰市位于内蒙古自治区东南部，蒙冀辽三省区交汇处，全市总面积9万平方公里，辖3区7旗2县，总人口460万人，是内蒙古第一人口大市。2010年，全市生产总值达到1 080亿元；地方财政总收入达到100.5亿元；城乡居民收入分别达到14 108元和5 010元。

乌兰察布市地处内蒙古自治区中部，辖11个旗县市区和1个经济技术开发区，总面积5.45万平方公里，总人口287万人，是一个以蒙古族为主体，汉族居多数的少数民族地区。2010年全市地区生产总值550亿元，地方财政总收入36.8亿元，城镇居民和农牧民人均纯收入分别达14 200元和4 400元。

促进农牧民增收致富。根据中央扶贫开发工作会议精神及《中国农村扶贫开发纲要（2011—2020年）》"到2020年，稳定实现扶贫对象不愁吃、不愁穿，保障其义务教育、基本医疗和住房。贫困地区农民人均纯收入增长幅度高于全国平均水平，基本公共服务主要领域指标接近全国平均水平，扭转发展差距扩大趋势"的要求，配合当地扶贫部门，采取整村推进、劳动力就业、产业化扶贫等方式，帮助当地改善生产生活条件，组织引导贫困人口异地就业，发展农牧区特色产业，促进贫困人员增收致富。

帮扶两市工业发展。引导北京市属企业、区县企业、民营企业通过产业投资或设立对口帮扶资金等多种形式，参与对口帮扶；引导项目和投资向赤峰和乌兰察布两市的经济技术开发区集中，促进两市工业集聚发展。

开展金融帮扶合作。帮助赤峰、乌兰察布市进行人才培训和企业上市辅导。广泛开展政策对接，加强区域间的信息交流和共享。

强化教育帮扶合作。继续鼓励师资代培、支教工作，以及中小学骨干教师和教育行政管理人员等赴京培训和挂职锻炼，继续加强中等职业技术学校的校际交流。

加大医疗卫生支持。继续推进北京市三级医院全面支援结对旗县医院医疗工作，帮助培训专业人才和提高药品安全管理能力。

开展干部交流合作。确立北京16个区县与两市各8个旗县（市、区）建立结对帮扶关系，开展干部挂职交流。

参考文献

柏连阳. 2015. 农业科研单位科技扶贫的模式与探讨［J］. 湖南农业科学，12：86-88.

部晓霞，魏后凯. 2009. 国家区域援助政策的理论依据、效果及体系构建［J］. 中国软科学，7：94-103.

陈宏. 2012. 论国外援助政策及对援助工作的启示［J］. 西北民族大学学报（哲学社会科学版），4：56-65.

陈华恒. 2010. 汶川地震灾后对口援建资金运行机制、问题及对策［J］. 西南金融，11：25-27.

陈俊星. 2011. 我国地方政府间合作问题研究［J］. 科学社会主义，4：122-128.

段铸，伍文中. 2014. 我国对口支援改革方向的思考［J］. 华中师范大学学报，1：56-59.

费广胜. 2013. 经济区域化背景下地方政府横向关系研究［M］. 北京：中国经济出版社.

高建华，秦竟芝. 2011. 论区域公共管理政府合作整体性治理之合作监督机制构建［J］. 广西社会科学，2：52-58.

宫留记. 2016. 政府主导下市场化扶贫机制的构建与创新模式研究［J］. 中国软科学，5：154-163.

龚伟. 2013. 我国区域地方政府合作的困境探析［J］. 改革与开放，3：79-85.

胡鞍钢. 2008. 中国经济实力的定量评估与前瞻（1980—2020）［J］. 文史哲，1：139-150.

胡伟娟. 2013. 区域间政府合作机制的构建［J］. 中国管理信息化，8：98-105.

花中东. 2014. 省际援助灾区的经济效应：对口支援政策实施的经济

效应研究［M］．北京：北京理工大学出版社．

黄安胜，苏时鹏，王姿燕．2014．环境友好型科技扶贫模式初探［J］．科技管理研究，24：253-255．

黄如祺，刘力臻．2012．论经济制度的"软实力"与经济增长的"硬实力"［J］．福建论坛人文社会科学版，3：18-23．

康晓光．2001．NGO 扶贫行为研究［M］．北京：中国经济出版社．

兰英．2011．对口支援：中国特色的地方政府间合作模式研究［D］．西北师范大学．

李庆滑．2010．我国省际对口支援的实践、理论与制度完善［J］．中共浙江省委党校学报，5：95-101．

李潇静．2016．精准扶贫背景下的农村科技扶贫［J］．北京农业，1：189-192．

李鑫．2010．加强技物结合服务　加快科技成果推广［J］．农业经济，4：82-85．

刘冬梅，刘伟．2014．秦巴山片区科技扶贫中心的选取及相关建议［J］．科技与经济，4：29-33．

刘冬梅，石践．2015．对我国农村科技扶贫组织形式转变的思考［J］．中国科技论坛，1：78-83．

刘冬梅．2015．我国科技扶贫的机制创新问题探析［J］．中国国情国力，9：14-21．

刘建军．2007．对口支援政策研究：以广东省对口支援哈密地区为例［D］．新疆大学．

刘铁．2010．对口支援的运行机制及法制化［M］．北京：法律出版社．

刘铁．2010．论对口支援长效机制的建立：以汶川地震灾后重建对口支援模式演变为视角［J］．西南民族大学学报，6：7-14．

刘铁．2011．对口援助的运行及法制化研究：基于汶川地震灾后恢复重建的实证分析［D］．成都：西南财经大学博士学位论文．

刘薇，颜玲，苏毅．2017．基于农民经济行为的农村科技扶贫路径及模式研究［J］．湖北农业科学，56（6）：1 187-1 191．

卢淑华．1999．科技扶贫社会支持系统的实现［J］．北京大学学报，36（6）：43-47．

陆汉文．2015．我国扶贫形势的结构性变化与治理体系创新［J］．中共党史院研究，12：11-15.

路卓铭. 2017. 我国新时期的贫困问题与扶贫形势 ［J］. 宏观经济管理，7：59-60.

马林，杨玉文. 2007. 区域经济合作理论与实践及其对东北区域合作的启示 ［J］. 经济问题探索，5：43-45.

蒙慧，李紫辉. 2012. 对口援助与落后地区经济开发区建设问题研究 ［J］. 河北大学学报，4：65-71.

欧阳红军，赵瀛华，覃新导. 2016. 农业科研单位科技扶贫模式研究 ［J］. 农业科研经济管理，4：7-10.

潘建红，石珂. 2015. 国家治理中科技社团的角色缺位与行动策略 ［J］. 北京科技大学学报，31（3）：87-96.

潘建红，武宏齐. 2016. 论科技社团推动创新驱动发展战略的实践选择 ［J］. 求实，9：46-52.

潘晓燕. 2016. 关于扶贫理念与脱贫成效的理论思考 ［J］. 农业科学院研究，1：6-10.

巧支磊. 2012. 区域政府间合作机制的构建 ［J］. 兰州大学学报，5：45-52.

沈秋贵，游红梅，陈娜. 2017. 福州市科技社团参与精准扶贫的对策研究 ［J］. 科协论坛，1：10-13.

孙永震. 2017. 印度 BIAF 发展研究基金会农村科技扶贫的实践及经验借鉴 ［J］. 世界农业，2：135-139.

田晓东，吕亮卿，赵聪明. 2017. 供给侧改革背景下贫困地区的科技扶贫 ［J］. 山西农业大学学报，16（3）：14-17.

王达梅. 2011. 新型地方政府合作模式研究 ［J］. 城市观察，4：26-30.

王珂. 2017. 建设体系　构建机制　授人以渔：四川科技扶贫聚焦 ［J］. 畜禽业，1：6-11.

王洛林，魏后凯. 2003. 中国西部大开发政策 ［M］. 北京：经济管理出版社.

王玮. 2010. 中国能引入横向财政平衡机制吗：兼论"对口援助"的改革 ［J］. 财贸研究，2：66-71.

王贤斌. 2013. 我国农村扶贫开发面临的新形势与机制探讨 ［J］. 农

业现代化研究, 34 (4): 394-397.

王浴青. 2011. 农村科技扶贫开发与创新路径: 重庆例证 [J]. 重庆社会科学, 3: 62-66.

王忠东, 郭松朋. 2009. 论对口援助工作中的政府责任 [J]. 内蒙古农业大学学报 (社会科学版), 3: 133-134.

王自鹏, 周评平, 彭建华. 2018. "四大片区" 农业科技扶贫探索与实践 [J]. 农业科技管理, 37 (1): 82-126.

魏淑艳, 田华文. 2014. 我国农村贫困形势与扶贫政策未来取向分析 [J]. 社会科学战线, 3: 189-196.

翁伯琦, 黄颖, 王义祥, 等. 2015. 以科技兴农推动精准扶贫战略实施的对策思考 [J]. 中国人口、资源与环境, 11: 38-43.

吴琼. 2017. 世界银行林业生态扶贫的主要经验和政策启示 [J]. 林业经济, 5: 88-92.

吴文革, 朱立军. 2013. 从农科教结合走向农科教文融合 [J]. 安徽农业科学, 23 (2): 121-126.

夏黑讯. 2013. 对口援疆政策法制化实证研究 [J]. 新疆社科论坛, 2: 220-228.

肖志刚. 2010. 湖南贫困地区的农业科技扶贫模式与政策建议 [J]. 农业现代化研究, 9: 103-110.

肖志扬. 2010. 湖南贫困地区的农业科技扶贫模式与政策建议 [J]. 农业现代化研究, 31 (5): 584-588.

邢成举. 2017. 科技扶贫、非均衡资源配置与贫困固化 [J]. 中国科技论坛, 1 (1): 116-118.

熊文创, 田艳. 2010. 对口援疆政策的法治化研究 [J]. 新疆师范大学学报, 3: 22-27.

徐佳君. 2016. 世界银行援助与中国减贫制度的变迁 [J]. 经济社会体制比较, 1: 186-188.

徐顽强, 朱喆. 2015. 市场化环境下科技社团生存状况及对策建议研究 [J]. 科技管理研究, 18: 59-66.

徐映梅, 张提. 2016. 基于国际比较的中国消费视角贫困标准构建研究贫 [J]. 中央财经政法大学学报, 1: 12-18.

杨爱平. 2011. 从垂直激励到平行激励; 地方政府合作的利益激励机

制创新 [J]. 学术研究, 5: 47-53.

杨曼路. 2017. 浅析科技扶贫在全面小康社会建设中的重要作用 [J]. 三农问题, 37 (1): 62-64.

杨起全. 2013. 新时期科技扶贫的战略选择 [J]. 山西农业大学学报, 5: 3-10.

杨亚辉. 2012. 对口援助的法制化 [J]. 劳动保障世界, 6: 47-50.

余翔. 2014. 发展型社会政策视角下的省级对口支援研究 [M]. 杭州: 浙江大学出版社.

俞晓晶. 2010. 从对口援助到长效合作: 基于两阶段博弈的分析 [J]. 经济体制改革, 5: 37-39.

张峭, 徐磊. 2007. 中国科技扶贫模式研究 [J]. 中国软科学, 2: 81-86.

赵波. 2010. 试析对口援助西部高校的微观效应与双赢机制 [J]. 教育与现代化, 6: 7-9.

赵华, 夏建军, 赵东伟, 等. 2014. 我国贫困地区科技扶贫开发模式研究: 以冀西北坝上地区为例 [J]. 农业经济, 3: 122-127.

赵华, 夏建军, 赵东伟. 2014. 我国贫困地区科技扶贫开发模式研究 [J]. 农业经济, 3: 86-90.

赵慧峰, 李彤, 高峰. 2012. 科技扶贫的"岗底模式"研究 [J]. 中国科技论坛, 2: 139-143.

赵明刚. 2011. 中国特色对口援助模式研究 [J]. 社会主义研究, 2: 56-61.

赵婷. 2013. 新时期宁夏扶贫开发机制的创新研究 [J]. 农业科学院研究, 34 (3): 71-75.

赵晓峰, 邢成举. 2014. 农民合作社与精准扶贫协同发展机制构建: 理论逻辑与实践路径 [J]. 农业经济问题, 4: 26-30.

甄若宏, 邵明灿, 周建涛, 等. 2013. 农业科研单位科技扶贫模式研究 [J]. 江苏农业科学, 11: 56-62.

甄若宏, 邵明灿, 周建涛, 等. 2013. 农业科研单位科技扶贫模式研究 [J]. 农学学报, 3 (11): 65-69.

郑春勇. 2011. 建立地方政府间长效合作机制的思考 [J]. 国家观察, 8: 59-64.

郑刚. 2012. 建立教育对口援助长效机制的政策分析［J］. 中国教育学刊, 7: 17-20.

郑毅. 2010. 法治背景下的对口援疆: 以府际关系为视角［J］. 甘肃政法学院学报, 9: 138-144.

周华强, 冯文帅, 刘长柱. 2017. 科技扶贫项目管理创新研究: 理念与实践［J］. 科技管理研究, 11: 197-203.

周晓丽, 马晓东. 2012. 协作治理模式: 从"对口支援"到"协作发展"［J］. 贵州农业科学, 9: 556-561.

Alexander Gerschenkron. 1962. Economic Backwardness in Historical Respective ［M］. Cambridge: Harvard University Press.

David Ellenman. 2004. Autonomy-Respecting Assistance: Toward AnItemative Theory of Development Assistance ［J］. Review of Social Economy Volume (8): 381-388.

Kim Richard Nossal. 1988. Mixed Motives Revisited: Canada's Interest in Development Assistance ［J］. Canadian Journal of Political Science (4): 429-444.

Leopardi. Robert. 1995. Regional Development in Italy: Social Capital and the Mezzogiomo ［J］. Oxford Review of Economic Policy (11): 255-265.

Levy. M. 1966. Modernization and the structure of societies: A setrng for Intenational Relations ［M］. Princeton: princeton university press.

Overland. MarthaAnn. 2011. Paying for Results: A New Approach to Government Aid ［J］. Chronicle of Philanthropy (10): 2-24.

PorterM E. 1990. The Competitive Advantage of Nations ［M］. New York: Free Press.

PorterM E. 1998. Clusters and The New Economics of Competition ［J］. Harvard Business Review (12): 77-90.

Prahalad C K, Hamel G. 1990. The Core competence of the Corporation ［J］. Harvard Business Review, 5 (6): 79-91.

Ralph Lattimore. 2003. Long run Trends in New Zealand Industry Assistance ［J］. New Zealand Institute of Economic Research (Inc.) (NZIER) Mouth Working (4): 523-541.

Ralph. H. Brown. 1948. Historical Geography of United States ［M］. New York：Harcount，brace and Company.

Robinson. E. A. G. . 1969. Backwardareas in advanced countries ［J］. Backward areas in advanced countries （8）：145-158.